M. L'ABBÉ TIMOTHÉE-L. HOUDEBINE

Au Pays

des Cigognes

IMPRESSIONS & SOUVENIRS DE VOYAGE

ANGERS

SIRAUDEAU, Éditeur

1907

AU PAYS DES CIGOGNES

Impressions et souvenirs de voyage

Depuis longtemps je rêvais d'un voyage au pays des
cigognes. Voir l'Alsace, quel attrait pour un Français!
surtout pour un Français qui compte là-bas de nombreux amis, anciens camarades d'études et de jeunesse.
L'occasion, dit-on, fait le larron, je la saisis par les
cornes dès qu'elle se présenta. A la dernière réunion
des anciens élèves de Combrée, un bon prêtre des
environs de Mulhouse, M. l'abbé Hecht, m'invita très
aimablement à aller passer une huitaine, chez lui, à
Uffholz. J'acceptai sans tarder, et d'autant plus volontiers que je devais avoir pour compagnon de route un
de mes confrères du collège, M. l'abbé Veillon, professeur de langues vivantes.

Alors, un beau matin d'août, la valise sur le dos, le
bâton du voyageur à la main — dans la circonstance,
le bâton du voyageur fut un parapluie — nous avons
dit *au revoir* à notre cher pays d'Anjou, et, à la grâce
de Dieu, en avant pour l'Alsace.

Certains hommes vont au but à toute vapeur, par le
chemin le plus court, par les trains les plus rapides.
Poussés par la nécessité, ils n'ont jamais le moindre

moment d'arrêt pour penser ou pour vivre. Des professeurs en vacances ne sont pas si pressés. Libres de leur temps, ils peuvent à leur gré prendre la voie la plus longue, s'arrêter où bon leur semble pour voir et admirer à leur aise. C'est ce que nous avons fait.

.**.

D'Angers aux bords du Rhin, nous sommes allés par Tours, Orléans, Paris, Châlons-sur-Marne et Nancy. Le pays par là est varié, plein de charmes et tout peuplé de souvenirs. On traverse d'abord les beaux jardins de l'Anjou, les riches vergers de la Touraine et du Blésois. La Loire y coule lentement. On dirait qu'elle abandonne comme à regret ces terres de rêve. Sous un ciel délicat, elle y reflète en son *clair miroir* de beaux châteaux, de jolis villages, assis dans la verdure et dans les fleurs, des cités ravissantes, éparpillées parmi les peupliers et les saules, le long des coteaux ensoleillés, couverts de vignobles fameux, bien chers au roi Henry.

Orléans, c'est le centre vital, *le cœur* de la France. Là, de tout temps, s'est fait *le grand effort* pour l'existence de la Patrie. Les Druides y tinrent conseil, près d'une source sacrée, à l'ombre des grands bois, quand ils organisèrent la guerre fameuse dont Vercingétorix fut l'âme et le chef. Plus tard, quand Attila vint ravager notre pays, saint Aignan l'arrêta sous les murs de sa ville épiscopale, et le barbare dut commencer la retraite qui mena ses hordes à la défaite, dans les Champs Catalauniques. C'est de là que partirent les Robert et les Eudes « ces braves qui défendirent Paris des Normands et méritèrent d'être rois, parce qu'ils avaient bien fait leur métier de soldats ». En 1429, quand Bedfort menaçait de confisquer la France au profit de l'Angleterre, Jehanne la Pucelle entra dans la ville, fit tomber les bastilles, et inaugura le mouvement qui devait bouter les *Godons* hors de France. Pendant l'année terrible, Cercottes, Thoury, tous les villages de la banlieue, virent les grandes batailles où l'*Armée de la Loire*, sous la neige du dur hiver, commença « la carrière de sacrifice et de dévouement qu'elle mena jusqu'au bout pour la Patrie. »

Au delà d'Orléans, s'étend à perte de vue, vers Chartres et Montargis, la grande plaine *fourmentière* de la Beauce, avec ses champs diaprés de chaumes, de luzerne et de sainfoin, de trèfles et de lentilles. De Paris, les chasseurs y viennent en masse, aux approches de l'automne. Dès le matin, on les voit par les sentes et les coupages ; les pieds dans la rosée, à la recherche du lièvre et de la perdrix.

Plus loin, c'est une contrée accidentée, boisée, gracieux pays de Légende et d'Histoire, que dominent encore, sur leurs mottes féodales, les fiers donjons qui s'appelaient Montlhéry, Montfort-l'Amaury et Étampes. Longtemps leurs épaisses murailles tinrent en échec la fortune des rois de France.

Vers Arpajon, les coquettes villas, au milieu de la verdure, les grands établissements industriels, les cultures maraîchères, la multiplicité des lignes de chemins de fer, le va et vient incessant des trains annoncent le voisinage de Paris où nous entrons bientôt.

La traversée de la grande ville, de la gare d'Auster-

litz à celle de l'Est n'a pas grand charme. A part la
belle perspective de la Seine, et la vue sur Notre-Dame,
c'est la grande banalité des quartiers neufs où s'élèvent
de grandes maisons sans caractère, toutes pareilles les
unes aux autres dans la banalité moderne. Nous passons en voiture au milieu de la cohue assourdissante
de la foule affairée, des camelots qui crient, des grands
chars et des autos, des omnibus chargés de gens qui
semblent tous étrangers les uns aux autres. Le génie de
la Liberté qui, depuis 1830, cuit au soleil ou grelotte à
la bise, perché sur sa colonne, nous laisse très indiffé-
rents. C'est à peine si nous levons les yeux vers lui. Son
symbolisme est si vieux jeu! Et puis, par derrière nous,
des loustics pourraient dire : « Regardez-donc ces pro-
vinciaux, ils n'avaient jamais vu le petit bonhomme
doré de la Bastille ! » La République de Bartholdi, à
l'entrée du faubourg du Temple, ne nous enthousiasme
pas davantage. Les grands mots de *Liberté, Égalité, Fra-
ternité,* qui se lisent dans les cartouches, parmi les
feuilles de chêne et d'olivier, semblent plaqués là pour
rappeler le souvenir de trois nobles sœurs que la Dame
au bonnet rouge a chassées de *douce France.* Un jour,
espérons-le, après leur promenade forcée aux pays
étrangers, les pauvres exilées reviendront chez nous,
et, de nouveau, sous les bénédictions du Christ, elles
seront reines aux bords de la Seine pour notre bonheur
à tous. En longeant les quartiers de la Bastille, de la
Villette et de Belleville, malgré moi, je songe aux journées d'enfer que Paris a vécues en 1848 et pendant la
Commune. Par là, le sang des archevêques et des prêtres
a coulé sous les balles des insurgés, et, la nuit, parmi

des cris et des hurlements de fauves, alors que la fusil-
lade crépitait par rafales, à gauche, vers le centre de
la grande ville, les monuments flambaient dans une
atmosphère de feu, rougeoyant le ciel de la lueur
sinistre des incendies.

Tout en devisant du passé et du présent, nous arrivons
à la gare de l'Est. Le départ pour Strasbourg, à 5 heures
du soir, nous arrache enfin à nos pensées un peu tristes,
et, de nouveau, nous nous laissons aller au charme
prenant des paysages de la banlieue parisienne. A un
détour, nous saluons la basilique de Montmartre dont
la silhouette dans le ciel domine toutes les maisons de
la butte. Bientôt nous descendons dans la vallée de la
Marne. De chaque côté de la rivière, douce et tranquille,
s'étendent de vastes prairies. Elles sont vertes encore,
mais déjà, par endroit, aux approches de l'automne,
elles s'embrasent « comme une nappe d'or fleurie
d'émeraude et de corail. » A droite et à gauche,
ondulent des coteaux élégants, couverts de vignobles. A
leurs pieds, au bord de l'eau, dans la verdure des peupliers qui frémissent à la brise, Meaux, la Ferté-sous-
Jouarre, Château-Thierry, quantité de petites villes et de
villages, serrés autour de leurs clochers, apparaissent
dans la lumière dorée d'un beau soir d'été.

La nuit nous prit en Champagne, aux environs d'Éper-
nay où sonnait l'*Angelus*. Je dormis d'un sommeil
très léger pendant la traversée des Champs Catalauniques. En rêve, il me semblait voir, comme dans le
tableau de Detaille, des hommes de guerre qui passaient dans les airs. Il y en avait de tous les temps et de
tous les costumes, depuis les guerriers tartares d'Attila

jusqu'aux petits troupiers, bien guêtrés et bien ficelés, qui défilèrent si crânement sous leurs drapeaux, à Bétheny, devant Nicolas II, le tsar autocrator.

Un cahot plus fort que les autres, et je m'éveillai pour de bon aux environs de Frouard. Elle est curieuse à voir, la nuit, par la portière d'un wagon, cette petite ville de la Lorraine, avec ses forges et ses hauts-fourneaux. Dans des marmites géantes la fonte bout pendant des heures, puis elle s'échappe en flots rutilants d'or, sous de vastes hangars, jetant autour d'elle une pluie de feu et d'étincelles blanches, bleues, rouges, violettes, or et argent. On dirait des boutons d'or, des marguerites, des myosotis et des roses dans le vaste flamboiement. A côté de cela, nos feux d'artifice les plus brillants ne sont qu'une pâle clarté d'étincelles.

A Nancy, nous nous arrêtons quelques minutes, à 1 heure du matin, juste le temps de laisser passer dans un éblouissement de lumière électrique les *dinings* et les *sleepings-carrs* somptueux de l'Express-Orient, et l'on file dans la nuit, à toute vitesse, vers les Vosges, par Saint-Nicolas du Port et Lunéville, la cité chérie des ducs de Lorraine et du roi Stanislas, célèbre par son château et la beauté de ses jardins.

Au petit jour, nous arrivons à Deutsch-Avricourt.

.˙.

En cette gare frontière, on voudrait encore se croire chez nous. C'est toujours la terre lorraine. Les habitants sont français jusque dans la moelle des os. Il n'est pas une goutte de leur sang qu'ils ne seraient prêts à sacri-

fier pour leur vieille patrie. Ils parlent notre langue,
ils ont notre foi. Et pourtant, nous nous sentons là déjà
en pays étranger, loin de la *terre natale* où nous avons
notre demeure, nos parents, nos morts bien-aimés.
Tout nous dit que là aujourd'hui la France n'est plus
maitresse. Dieu a voulu qu'elle fut vaincue en 1870,
démembrée en 1871 !

Sur la façade de l'immense gare, au sommet d'un
mât peinturluré comme un mirliton, flotte le drapeau
de l'empire allemand. Il est noir, blanc, rouge, par
longues bandes horizontales. On dirait notre drapeau
tricolore en deuil. La bande noire me rappelle qu'il y
a 36 ans, plus de 100.000 Français, la fleur de notre
jeunesse, sont morts pour la patrie, en quelques mois,
sur les champs de bataille, dans les casemates de l'Allemagne ou sur les lits des ambulances.

Deux gendarmes Prussiens, la tête couverte du casque
à pointe, enveloppés dans leur grand manteau, circulent sur les quais et dévisagent les voyageurs qui
descendent du train pour passer à la douane. Oh ! ils
ont l'air assez braves gens et nullement croquemitaines ;
mais quand, en passant, on a respiré le parfum un peu
fauve des braves pandores, on n'est point tenté de s'arrêter et de lier conversation avec eux. Les douaniers,
très polis à notre égard, sur notre bonne mine sans
doute, nous laissent passer sans nous obliger à ouvrir
nos valises.

Dans les salles d'attente de la gare, malgré l'heure
matinale, c'est un va et vient continuel de paysans et de
paysannes endimanchés, de petits bourgeois affairés
qui parlent français avec l'accent lorrain très caracté-

ristique. Tout ce monde, encombré de caisses et de lourds paniers, se rend à une foire du voisinage.

Bientôt on nous ouvre les portes des quais, et nous prenons le train qui va nous mener en Alsace.

Au lever du soleil, nous arrivons à Sarrebourg. C'est une petite ville riante et pleine de gaîté, au fond d'une plaine accidentée et savamment cultivée. Dans les champs, de forts attelages, sous la conduite de leurs valets, déjà préparent les semailles de l'automne et déchirent la terre rouge de Lorraine. Les petits villages, semés le long de la voie, groupent autour de leur église des maisons blanchies à la chaux, couvertes de grandes toitures à tuiles jaunes et rouges. Nous ne pouvons nous habituer à l'idée que nous avons quitté la France, tant le pays par certains côtés nous rappelle la patrie bien aimée ; mais, aux stations, l'uniforme, la tenue des employés, l'aigle noire aux plumes hérissées, les trois couleurs de la Germania, le *ferrig* du chef de gare, au moment du départ, nous ramènent tristement à la réalité, nous sommes bien en *pays annexé*.

La Lorraine s'enfuit à grands pas derrière nous, le terrain devient plus accidenté. Six tunnels à passer. Dès le premier nous sommes dans les montagnes de grès rouge, dans les Vosges couvertes de belles forêts. Nous entrons dans le col de Saverne. Ce qu'il en a vu passer et repasser des armées, depuis les légions de César jusqu'aux régiments du roi de Prusse, au lendemain de nos défaites de Wissembourg et de Reichshofen ! En débouchant du dernier tunnel, on aperçoit, à gauche, dans un paysage plein de fraîcheur, la Zorn qui grossit à vue d'œil et devient une belle rivière avant Saverne ;

la route de Paris à Strasbourg; le canal de la Marne au Rhin. Toutes ces voies se croisent, se chevauchent les unes les autres, pendant une heure, au milieu de montagnes boisées qui s'élèvent à pic. Au fond des vallées que l'on coupe, sur des roches couvertes de bruyères, fièrement se dressent les ruines des vieux châteaux. Encore quelques tours de roue, et nous débouchons en Alsace, nous sommes à Saverne.

A travers les tilleuls et les platanes qui forment autour de la gare un beau rideau de verdure, nous apercevons en pleine lumière la jolie ville dont les habitants sont si fiers. Il faut voir comme se rengorgent les natifs de la rue de l'Oignon quand ils vous disent : « Je suis moi-même de Saverne même ! » Autour de l'immense château des Princes-Évêques de Strasbourg, sur les places et dans les rues, de gracieuses fontaines surmontées de saints, de lions et de licornes, entretiennent une agréable fraîcheur devant les vieilles maisons à tourelles et à pans de bois sculpté. Au delà de la ville, du côté de la France, en face des ruines de Greifenstein, le Hoh-Barr, assis sur son piédestal de granit, montre son vieux donjon bâti par l'évêque Jean de Manderscheid, *l'œil de l'Alsace,* comme il est dit dans un plaidoyer du Concile de Bâle.

Saverne n'est point militaire comme Strasbourg, artiste comme Colmar, laborieuse comme Mulhouse. C'est toujours l'ancien *reposoir* de ces fastueux cardinaux de Rohan-Guéméné dont les domaines d'Alsace, à eux seuls, étaient peuplés de 45.000 habitants, et dont les revenus dépassaient 1.200.000 livres. Ils tenaient là *l'auberge de France.* Les Princes d'Allemagne, au temps du Roi-Soleil, venaient s'y dégrossir avant d'essayer une visite à Versailles. Aujourd'hui, la petite ville ne reçoit plus les étrangers avec le luxe de ses prélats de l'Ancien Régime, cependant elle continue de leur faire — avec plus de simplicité — le même accueil gracieux et délicat. Comme par le passé, elle sait leur procurer les satisfactions les plus variées que réclament leurs goûts ou leurs tempéraments. Malgré tous les changements politiques survenus avec le temps, elle tient toujours à remplir le rôle d'auberge que lui ont assigné sa position géographique et le nom de *Tres Tabernæ* qui lui fut donné en courant par les soldats de Rome. Amis de la belle nature, peintres, poètes, archéologues, fervents du folk-lor ou de l'Histoire, vous pouvez vous y arrêter sans crainte. Vous y trouverez bon gîte et bonne table, de jolis paysages aux environs, un air réconfortant, des monuments, des traditions, de beaux récits.

Au sortir de Saverne, le chemin de fer de Strasbourg retrouve le Zorn et le Canal. Il passe à la limite du pays de Kochersberg, le grenier de l'Alsace. Les Vosges y déboulent en collines, et les collines en plaines à la rencontre du Rhin. Dans ce pays accidenté, de petits ruisseaux, bordés de saules et d'aulnes, coulent dans les vallées sur des lits de glaise. Par là point de site grandiose, point de monument remarquable. Le paysage y est riant par l'extrême variété de ses cultures fort bien soignées. Les villages, au milieu des vergers et des jardins, sont très rapprochés et réunis les uns aux autres par de belles routes bordées d'arbres fruitiers. Les maisons, très vastes, sont fort originales avec leurs toits aigus ou avancés, leurs bois sculptés, leurs inscriptions, leurs fraîches peintures. Des granges, des étables s'élèvent, avec le rucher, le poulailler, le pigeonnier, au fond de vastes cours. Sous les arbres, aux alentours, on sèche la lessive, ou l'on blanchit des toiles.

A mesure que nous avançons, le terrain s'abaisse de plus en plus. Bientôt, nous laissons, à l'occident, les coteaux verts, les belles montagnes. Vers le nord, apparaissent des lignes de sombre verdure. C'est l'orée de l'*Hélygworst*, la fameuse *Forêt Sainte* de Haguenau dont les halliers sont pleins de tumuli barbares et de tombes gauloises. Là, dans la solitude, ont vécu bien de saints personnages et la tradition nous montre, au pied d'un vieil arbre connu de toute l'Alsace, l'*Eindler Eich*, le *Chêne de l'Ermite*, l'endroit où demeura quelque temps saint Arbogast, l'apôtre de Strasbourg.

Par delà les grands chênes, les pins et les bouleaux de la *Forêt Sainte*, notre pensée, d'elle-même, se porte vers un pays accidenté et boisé dont tous les cœurs français gardent le souvenir. Wissembourg, Frœchswiller, Morsborn, Reichshofen, quels noms dans notre Histoire ! Ils ont fait couler bien des larmes et nous les avons marqués d'une croix en signe de deuil. Ils rappelleront à jamais le dévouement de nos soldats et la vaillance avec laquelle, dans la défaite, ils ont sauvé l'honneur. Je me représente un instant la scène fameuse qui termina là-bas la série des combats. Il s'agissait de sauver l'armée de Mac-Mahon en couvrant sa retraite. « Camarades, dit le général Michel à ses beaux cuirassiers, on a besoin de vous. Nous allons charger. *Vive l'Empereur !* » Les trompettes sonnent au milieu du vacarme de la bataille. Un frisson parcourt les rangs, les cavaliers tirent l'épée, se dressent sur leurs étriers. Enfants du peuple, jeunes gens de la noblesse ou de la bourgeoisie, tous ces beaux fils de France, un instant sont émus à la pensée de leurs mères qui après eux pleureront inconsolables ; mais ils n'ont pas une minute d'hésitation. Ils font à Dieu le sacrifice de leur vie généreusement. Et quand leur chef eut crié : *en avant pour la Patrie!* des pentes de l'Eberbach où ils étaient groupés, ils s'élancent tête baissée, à la française, sous le feu des Prussiens cachés dans les vignes, les vergers et les houblons. Ils s'abattent comme un torrent sur Morsborn. Dans la grande rue, à toutes les fenêtres, les fusils de l'ennemi se déchargent. Les balles résonnent sur les cuirasses, « comme la grêle sur les vitres un jour d'orage. » Les pauvres jeunes gens, qui se sont sacrifiés, tourbillonnent sur eux-mêmes, reculent, avancent de nouveau sous une pluie de fer. Finalement, ils viennent se briser sur les barricades, à l'extrémité du village. Une demi-heure a passé, les beaux cuirassiers ne sont plus et l'Alsace est perdue. — *Heldenmuthig*, héroïque fut la charge des cavaliers français, dit la relation officielle du grand État-major allemand.

L'âme toute pleine du souvenir de nos glorieux morts, pendant que je récite pour le repos de leur âme un *Pater* et un *Ave*, nous quittons le joli pays de Kochersberg et nous nous rapprochons du Rhin. Le grand fleuve est là tout près, de hauts peupliers blancs signalent son voisinage. De chaque côté du chemin de fer, partout de grasses prairies, et, malgré

l'été, constellées de jolies fleurs. Elles sont couvertes
de rosée. On dirait que, chaque matin, une pluie de
perles et de diamants tombe sur les gazons. Et puis, ce
sont des champs de tabac, des houblonnières avec
leurs longues spires fleuries et parfumées qui s'en-
roulent autour des perches ou s'accrochent à des fils
de fer tendus en longues files sur des rangées de sup-
ports. Par là aussi les plantes fourragères pullulent. Le
pays a l'air d'un immense potager. On dirait la Flandre.
Et au milieu de la terre féconde, parmi les pommiers,
les cerisiers et les noyers, comme dans le Kochersberg,
de jolis villages apparaissent avec leurs maisons multi-
colores en bois et en torchis. Elles sont parées de
vignes vierges et de fleurs sous les longs toits de tuiles
qui débordent en auvents. Sur les routes, de grands
bœufs, abaissés sous le joug, traînent gravement de
leur effort majestueux et rythmé de longs chariots à
quatre roues où, sous les bâches, sont entassées des
denrées de toutes sortes. On est dans le pays où se
fabriquent les *foies gras* de Strasbourg. Par les prés, le
long des petits ruisseaux, des troupeaux d'oi , en
attendant qu'on les gave, paissent les herbes parfumées;
les jars allongent la tête, jacassent un instant au passage des trains, ou tranquillement lissent leurs plumes
en dodelinant de la tête.

Longtemps avant de voir Strasbourg, on aperçoit,
par dessus les arbres, la flèche de la cathédrale qui
semble grandir à mesure que nous approchons. Elle
nous apparaît comme le symbole de l'Alsace. A la voir
s'étirer dans le ciel, au-dessus de la grande ville et de
la plaine, on dirait qu'elle veut regarder par delà les

Vosges et dire à la France : « O patrie bien-aimée. Les fils et les filles de ton Alsace te sont toujours fidèles. Ne les oublie pas dans ton souvenir et songe à la revanche !

La banlieue de Strasbourg où nous entrons ressemble à celle de bien des grandes villes. Elle a des cultures maraîchères; des jardins grands ou petits; des cités ouvrières; des villas de maîtres, cachées dans les fleurs et la verdure. On y voit des enfants qui s'amusent sur des pelouses; des petites voitures qui vont et viennent sur les routes plantées d'arbres comme les avenues d'un parc; tout un réseau de lignes avec des signaux de toutes sortes et des fils télégraphiques par milliers; d'immenses convois de marchandises qui circulent lentement derrière des locomotives haletantes et soufflantes; des trains express qui marchent à toute vitesse; de grandes usines qui fument; des scieries mécaniques où, toute la journée, les lames grincent sur les sapins des Vosges; d'énormes entrepôts de bois et de charbon. Puis, ce sont de splendides casernes qui rappellent les châteaux-forts du Moyen âge, l'Arsenal, l'Esplanade, des forts, des batteries, l'enceinte continue; tout un appareil militaire avec des soldats en mouvement, des fantassins, des cavaliers de tout uniforme et de toute couleur, des casques noirs en cuir bouilli, des casques d'argent, des casques d'or; aux portes des remparts des factionnaires qui marchent d'un pas automatique, l'arme au bras; des faisceaux de fusils sur lesquels s'accrochent quelques rayons de soleil. On sent que par là *Germania* commande et garde sa conquête, toujours prête à de nouveaux combats.

Nous approchons de Strasbourg, le cœur palpitant d'émotion. Depuis notre enfance, le nom de cette ville résonne à nos oreilles comme un tambour de guerre. Et aussi, on nous a tant parlé des eaux vertes de ses rivières, de ses quais, de ses vieilles maisons, de sa majestueuse cathédrale, de sa belle défense en 1870. Nous sommes impatients de connaître la ville héroïque, de voir ce que les vainqueurs en ont fait et comment ils s'y comportent.

.·.

Le voyageur qui arrive de Saverne descend à la nouvelle gare, immense monument de style quelconque, bâti, il y a quelques années, surtout en vue de la mobilisation des forces allemandes. Partout des quais immenses, des dégagements multipliés. Dans le grand vestibule aux imposantes proportions deux fresques se font face. La première a pour titre : « *In alten Reich, l'Ancien Empire*. Au milieu d'un décor splendide, elle représente l'Empereur Frédéric Barberousse qui reçoit au château de Haguenau les serments de la noblesse d'Alsace. Dans la seconde, intitulée *In neuen Reich, le nouvel Empire*, deux jeunes filles en costume national, la tête couverte du nœud de rubans noirs aux ailes de papillons, versent un vin d'honneur à l'Empereur Guillaume 1er. Les bourgmestres de l'Alsace-Lorraine sont là représentés, faisant cortège au *Kaiser*, vieux renard madré qui affecte des airs de faux bonhomme.

En dehors de la gare, sur l'immense place, dans les fleurs des parterres, deux mâts de bronze, à l'imitation

2

de ceux de Saint Marc, à Venise, portent bien haut dans les airs l'aigle noire aux ailes éployées. En face, vers la ville, un jardin très fleuri, agrémenté de fontaines et de beaux lampadaires, est le centre des *tramways* et des *droschkes*. A peine a-t-on fait au delà quelques pas dans la grande avenue remplie de voitures, de voyageurs, d'officiers, de soldats, d'agents de police en uniforme ou en civil, qu'on se croirait en pleine Allemagne. Partout des noms tudesques ont succédé aux noms français, à la devanture des maisons, et sur les plaques, au coin des rues. Partout des enseignes en fer forgé avec la couronne impériale, les aigles, les lions, les cerfs, les ours, toutes les bêtes héraldiques des pays de l'Empire.

Nous arrivons enfin sur les bords du Canal. Avec l'Ill, il fait au vieux Strasbourg une très jolie ceinture d'eaux vertes et tranquilles, qui reflètent la silhouette des arbres et des maisons. Rien d'agréable comme le tour de la ville par les quais où il y a de ci de là des peupliers et des platanes, des massifs de verdure et des fleurs. A droite et à gauche du Canal, c'est toute une enfilade de constructions à auvents, toitures aiguës, couvertes de tuiles rouges, avec lucarnes superposées, cheminées coiffées de nids de cigognes. Quelquefois, au lieu d'empiéter sur la rue, les toits disparaissent derrière des pignons, décorés d'or et de couleurs, qui s'allongent entre deux rangs de créneaux à escaliers. Il y a des fenêtres très simples percées dans des façades sans ornements, il y a aussi des fenêtres garnies de boiseries sculptées. Par ci par là, des vignes vierges grimpent le long des murs, enguirlandent et fleurissent les balcons. Entre les maisons parfois s'ouvrent des perspectives curieuses sur les quartiers du centre. Là aussi d'antiques maisons montrent leurs étages à encorbellements et à oriels.

Du quai de la Bruche, à l'endroit que décore un massif de petits platanes, on a une jolie vue sur l'église Saint-Pierre-le-Vieux et ses deux clochers gothiques. De vieilles demeures, très originales d'aspect, forment un groupe qui s'appelle encore la *Petite France, In Kleinen Frankreich*. C'est le quartier des pêcheurs.

Quelques pas plus loin, nous sommes aux Ponts Couverts, l'un des points les plus caractéristiques de Strasbourg. Trois ponts sur trois petits bras de l'Ill ont donné leur nom à cet endroit. Au xiiie siècle, ils étaient fortifiés, munis de herses et couverts de toitures, comme ceux de la Reuss, à Lucerne. Du milieu d'une passerelle en aval, on voit la cathédrale en grès des Vosges qui domine les maisons et les églises couvertes de briques : ensemble étrange, où tout est rouge. On dirait même que les gens qui passent à côté de vous ont sur la figure des reflets de la couleur ambiante.

Si l'on se retourne en arrière, on aperçoit quatre tours qui dressent vers le ciel la masse de leurs murs et de leurs toits. Rouges, elles aussi, comme tout ce qui les entoure, elles sont, avec les Ponts Couverts, les restes de l'ancienne enceinte, « pauvres témoins abandonnés de temps qui ne sont plus. » Ce qu'elles ont vu de choses les vieilles tours, depuis le défilé des troupes du Roi-Soleil, en 1683 ! Elles ont connu les jours de gloire des soldats de la France quand ils marchaient fièrement vers l'Allemagne, avec le drapeau blanc fleurdelisé d'or,

ou sous les trois couleurs. Hélas ! elles ont connu aussi
les jours de la défaite. Elles ont vu sortir de Strasbourg, démantelé et brûlé, nos troupes humiliées. Alors,
les hommes du général Ulrich, déguenillés, amaigris
par les souffrances du siège, brisèrent leurs fusils
devenus inutiles et, pleurant de rage, les jetèrent au
fond des eaux.

Sur les bords de l'Ill, des pêcheurs préparent leurs
filets, et dans les bateaux-lavoirs les femmes, suivant
l'usage, caquettent à qui mieux mieux. Les quais de
la rivière, que coupent de jolis ponts, offrent les mêmes
perspectives que le Canal, les mêmes arbres, les
mêmes eaux vertes ; à droite et à gauche, des maisons
à pignons crénelés, de grands toits qui dépassent les
façades avec des lucarnes étagées et des nids de cicognes
sur les cheminées. A un coude de la rivière, on aperçoit, derrière la maison du grand Consistoire, les clochers rouges de l'église Saint-Thomas, où repose le
Maréchal de Saxe sous le somptueux mausolée de
marbre sculpté par Pigalle. Plus loin, tout près de
la Cathédrale, se dresse le château des Princes
Évêques, bâti en 1741, aux frais du Cardinal Gaston de
Rohan Guéméné, dans le plus beau style Louis XV ; puis,
ce sont les Grandes Boucheries, le Gymnase catholique
et la vieille église de Saint-Étienne, construite au
xııᵉ siècle par Adalbert, Duc d'Alsace et frère de Sainte
Odile. Plus loin encore, toujours au bord des eaux, c'est
le théâtre du xvııᵉ siècle et l'église gothique de Saint-
Pierre le Jeune.

Par les quais et dans les rues qui y débouchent,
malgré les ruines accumulées par le bombardement, en

1870, la ville de Strasbourg, dans son ensemble, est comme une *vivante estampe* du xv° siècle. Elle garde encore l'aspect de la cité vénérable où Faust, le très savant docteur, cherchait la pierre philosophale, avant d'être conduit par le Diable chez la pauvre Gretchen. Par endroits, on dirait des coins de ville franche retrouvés après des siècles, tels qu'ils étaient au temps des Landgraves. Ce sont les mêmes boutiques aux rez-de-chaussée des maisons, les mêmes chalands sur le Canal et la rivière. Seulement, dans le décor ancien, ce n'est plus le même souffle de vie; l'existence s'est transformée. Des fils de bronze, accrochés aux façades des vieux logis, permettent aux habitants de converser à distance sans exciter aujourd'hui le moindre soupçon d'art magique ou de sorcellerie. Les trams électriques, chargés de voyageurs, circulent de tout côté parmi les voitures nouvelles et les autos. Entre les étalages, débordant des denrées du monde entier, c'est le va et vient de la foule moderne. Allemands blonds d'Outre-Rhin, Alsaciens placides, officiers dominateurs, soldats résignés, jeunes femmes et jeunes hommes très élégants, paysans et ouvriers des métiers, les gens des deux races, les vainqueurs et les vaincus passent, s'agitent, se coudoient, se toisent du regard, sans heurts et sans insultes, sous les regards de la police.

Des ponts couverts à la Cathédrale, des bords de l'Ill au Canal, tout le vieux Strasbourg est concentré. La conquête n'y a rien changé. L'espace manquait pour y faire du neuf. C'est au delà de la Cathédrale et du théâtre, vers l'Est, que s'est bâti le Strasbourg allemand, deux fois grand comme l'Ancien. Sur les côtés de larges

avenues plantées d'arbres, autour de grandes places
ornées de fontaines et de parterres, se sont élevées,
depuis 30 ans, de grandes maisons en pierres de taille
avec vérandahs, oriels vitrés, fenêtres fleuries. Des
monuments de tous les styles se dressent çà et là, écla-
tants de force et de jeunesse : le Palais de l'Empereur,
le Landesausschus, les Ministères, la Bibliothèque,
l'Hôtel des Postes, l'École normale des filles, l'Univer-
sité, la Synagogue, les églises de la Garnison.

Avant la guerre, Strasbourg n'avait d'autres promenades que la *Robertsau* et le *Contades*, petits jardins
charmants, comme en ont toutes les villes de province.
Aujourd'hui, Strasbourg n'a rien à envier aux plus
grandes capitales du monde. A l'extrémité des nouveaux quartiers, les Allemands ont aménagé à grands
frais l'*Orangerie*, quelque chose comme nos Champs
Élysées et le Parc Monceau réunis. A l'entrée de ce
lieu de délices où l'on trouve à souhait les grandes
allées ombreuses, les pelouses veloutées, la fraîcheur
des bosquets, les eaux jaillissantes, les parterres
fleuris, d'immenses établissements ont été créés : restaurants à la mode, brasseries, jardins-brasseries. C'est
là que se rencontrent nos vainqueurs.

Allez, l'été, vers neuf heures du soir, au *Bœchehiesel*.
Sous la lumière des fleurs de feu attachées aux plafonds,
dans le blanc impeccable des panneaux, à l'ombre des
palmiers, autour des petites tables surchargées d'un
luxueux cristal, devant des surtouts d'argent débordant
d'orchidées, penchés sur des miroirs, dans tant de bien-
être et de beauté, des officiers de tout costume et de
toute arme prennent leurs repas. Très raides dans leur

tenue, bien pris dans leur habit, ils ont la plupart des têtes fines, moustaches blondes ou rousses, relevées à l'Espagnole, de beaux yeux clairs avec des reflets d'acier. A les regarder, on dirait des officiers d'Ancien Régime, et l'on songe tout naturellement à ces beaux *Kaiserlichs,* à ces hautains Impériaux d'autrefois qui se firent battre à Ensheim par les soldats de Turenne. Par les fenêtres entr'ouvertes, on entend de tout côté les airs langoureux des orchestres. C'est toute la poésie d'Outre-Rhin qui vous empoigne et vous parle du beau Danube et du Rhin héroïque, des Burgs et des cathédrales, du Chevalier au cygne et des Niebelungen. Dans l'art, aussi bien que dans la politique, c'est l'Allemagne triomphante qui s'impose à la pensée. On sent avec tristesse que la France bien-aimée a cessé de régner ici. Elle n'y est plus qu'une *patrie trépassée,* comme Palmyre et Memphis.

En ce Strasbourg nouveau dont rien n'existait avant 1870, dans la cohue des trams, des voitures de maîtres et des autos luxueux, des piétons et des cavaliers blonds, l'impression que l'on éprouve est celle d'un travail colossal, accompli en 30 ans, sur un ordre venu de Berlin. Les Allemands ont voulu consolider leur conquête dans le luxe et la beauté. Ils ont fait grand ; mais la plupart de leurs aménagements sentent le millionnaire parvenu, pressé de jouir. Leurs palais, leurs églises sont des pastiches plus ou moins réussis des monuments d'autrefois. On dirait que leurs architectes sont venus de Chicago, ou de Minneapolis, qu'ils avaient la spécialité des pavillons d'exposition universelle, des villas de bains de mer. A côté de la vieille ville où l'Alsace et la France ont laissé leur marque d'élégance et de bon goût, le luxe insolent des Allemands « a toutes les grâces d'un pied de cheval Poméranien, posé à plat sur des cristaux de Venise, à la devanture d'un Salviati. »

Je quitte sans regret le *Ruprechtsauer Allee* et le *Kaisers Wilhelmsstrasse* dont les maisons me semblent trop bien alignées. Gœthe lui-même, s'il les avait vues, s'en serait moqué. A toutes ces constructions richissimes des nouvelles avenues je préfère le décor d'une simple venelle ou d'une jolie place de la vieille cité, les antiques demeures à galeries sculptées dont les cheminées portent des nids de cigognes. Pauvres cigognes! jamais, croyez-le bien, elles n'oseront nicher sur les porcelaines brillantes des palais neufs. Elles préfèrent les vieilles habitations où depuis des siècles on leur a toujours fait si bon accueil.

.·.

Comme elles, j'ai hâte d'abandonner les nouveaux quartiers allemands et de revenir au Strasbourg d'autrefois, pour en admirer les beautés.

Je traverse le *Broglie*. C'est une belle place rectangulaire et plantée d'arbres, arrangée au xviii° siècle par ordre du maréchal-gouverneur de l'Alsace dont elle a gardé le nom. La conquête n'y a rien changé. Elle garde avec un soin jaloux ses constructions célèbres : le théâtre, l'Hôtel de ville, le palais du Statthalter, la maison du Commando, des cafés, des restaurants. Ces édifices des styles Louis XV, Louis XVI, sont ornés avec un goût et une délicatesse qui sont à Strasbourg un souvenir de chez nous. Tous les soirs, c'est vers 5 heures, que le Broglie est dans sa beauté. Les cafés, les restaurants sont pleins et débordants, les allées et contre-allées tout-à-fait mouvementées. C'est l'heure de l'apéritif et de la promenade pour les Alsaciens. Au milieu de la foule élégante on respire un air qui n'a rien d'Allemand. Pour arracher à la belle place sa physionomie française, il faudrait démolir le théâtre et les palais, saccager les vieux arbres et transformer en champ de navets ce lieu charmant.

Par la rue de la Mésange, où il y a de beaux magasins, nous arrivons au *Kleberplatz*, vaste quadrilatère planté de grands arbres, orné de parterres et de fontaines. Tout autour, il y a de jolies maisons. Par dessus leurs pignons crénelés, décorés de sculptures ou de fresques, par dessus leurs longs toits à lucarnes superposées, se dressent la flèche de la Cathédrale et la tour du Temple neuf. Au centre de la place, la statue de Kléber est fièrement campée sur un haut piédestal. Le décor rouge et vert, très original, reste ce qu'il était, quand le général fréquentait avec ses camarades l'auberge de la *Nuée bleue*, la brasserie de l'*Ours blanc*, la taverne de la *Maison rouge*, la résidence de l'*Aubette* où logeait la maréchaussée. Aujourd'hui, comme il y a cent ans, les promeneurs viennent par là, à la tombée de la nuit, quand les allées sous les arbres fuient dans l'ombre et que les cafés et les magasins s'illuminent derrière les glaces éblouissantes. Au milieu du va et vient de la foule, on se dirait en France, tant les gens nous ont l'air sympathiques.

A chaque pas que l'on fait dans la ville, on rencontre

de vieilles maisons. Avant le bombardement, il y en
avait 400. Beaucoup ont été détruites, mais heureuse-
ment il en reste encore et de fort curieuses. Les plus
belles peut-être se trouvent sur le *Münsterplatz*, tout
près de la Cathédrale. A droite du grand portail, c'est
le *Frauenhaus* où jadis les graves sénateurs de la cité
venaient vider maints gobelets d'argent où perlait le
meilleur vin d'Alsace. Derrière ses jolis pignons gothique et Renaissance, elle garde dans de somptueux
appartements les archives du Chapitre de Notre-Dame
et tous les documents relatifs à la construction de
l'église. — De l'autre côté du Münster, la maison *Kam-
merzell* s'impose à l'admiration de tous. Habilement res-
taurée, ces dernières années, elle est la plus curieuse
de toutes les vieilles constructions de Strasbourg, avec
ses étages en bois sculpté où l'on remarque les vertus
théologales, les douze signes du zodiaque, des figures
de musiciens. Elle fut bâtie, nous dit un vieil auteur,
« par un homme aimant Dieu, respectant l'emploi du
temps et goûtant fort la musique ». — Sur la place du
Broglie on peut visiter l'ancien hôtel des Mannheim et des
Dietrich, où, chez le maire de Strasbourg, le 25 avril
1792, Rouget de Lisle entonna pour la première fois le
chant de guerre de l'*Armée du Rhin* qui devint la *Mar-
seillaise*. Pas loin de là, c'est le *Luxhof*, grande maison à
pignon sculpté. Près des quais, dans la rue des Halle-
bardes, une curieuse façade à oriel porte sur un écusson cette devise :

> Bau nur vest mit Gottes hand
> Im haus kein Elend werden kannt.

ce qui veut dire : « L'homme qui bâtit avec la main de Dieu n'a aucune misère à craindre dans sa maison ».

A Strasbourg, comme autrefois dans toutes nos villes, les maisons ne portaient pas de numéros, elles avaient pour les désigner des armes parlantes, des symboles peints ou sculptés. Les vieilles peintures presque partout sont effritées, les sculptures ont mieux résisté. Les plus curieuses sont aux façades du *Saint-Esprit*, du *Faisan*, de la *Brebis d'or*, du *Sanglier*, du *Corbeau, Zum Raben* ; à la maison du *Singe qui croque une pomme*, à l'hôtellerie du *Raisin, Zum Traüben*. Tous ces vieux logis, qui nous disent les visites faites à la ville par Rodolphe de Habsbourg, Maximilien, Ferdinand Ier, Charles-Quint, Joseph II, Louis XIV, Turenne, seraient bien intéressants à étudier en détail ; mais il faudrait des volumes rien que pour vous énumérer les richesses que quelques-uns renferment encore : boiseries sculptées, poutres et poutrelles enluminées, bahuts du Moyen Age ou de la Renaissance, pièces d'orfèvrerie civile, tableaux des maîtres d'autrefois, tapisseries des Flandres, d'Arras ou des Gobelins.

Ce qui attire surtout à Strasbourg, c'est le Münster, la Cathédrale. Tout y mène l'étranger une fois entré dans la ville. Les antiques maisons semblent attirées vers elle par une force magique. A les voir se ramasser à ses pieds, on dirait le troupeau des vieilles demeures des hommes cherchant un abri près de la demeure de Dieu.

Le Münster est l'église la plus célèbre des marches du Rhin. Romane par son chœur, son transept, sa tour-lanterne, son portail du midi, elle est gothique dans les autres parties.

La beauté de sa façade est connue. A force d'en parler il semble même qu'elle soit devenue banale. Il n'en est rien pourtant. Chaque fois qu'on se trouve devant ce monument, on éprouve une émotion très vive, et, bien que pareille, toujours nouvelle. Elle est si originale l'œuvre commencée par le génie des Steinbach et continuée avec tant de science par leur successeur, Jean Hültz de Cologne.

A part les voussures admirablement fouillées des grands portails et des fenêtres, les clochetons, les mille colonnes, les trèfles, les quatrefeuilles, les statues élégantes se détachent des murs et ressortent sur le fond brut de la maçonnerie. Tout ce décor, isolé dans l'air, si mince, si fragile, ressemble à un tamis de dentelle. A travers, on voit, en arrière, la membrure solide de l'édifice auquel il donne de la sveltesse et de l'élégance. Sur les contreforts des tours, au premier étage, dans des niches, derrière des colonnettes frêles comme des tiges de roseau, les Strasbourgeois ont placé les statues équestres des protecteurs de la Cité : Clovis, Dagobert, Rodolphe de Habsbourg, Louis XIV. Plus haut, ils ont mis encore d'autres princes à cheval, l'épée à la main. Au milieu de cette hiérarchie d'empereurs, de rois et de princes, « fleur immense de douceur, entourée de tant de gloires, la grande rosace flamboie, énorme, mystique, rose de pierre rouge avec des pétales couleur d'émeraudes et de rubis » Plus haut, sous de jolis dais sculptés, sont placés les douze apôtres. Plus haut encore, le Christ apparaît dans la gloire de son Ascension, entre

des anges qui jouent de la trompette. Et la masse rectangulaire s'étire, s'étire toujours, jusqu'à la plateforme.
Une balustrade court tout autour, arrête brusquement
le regard. On dirait qu'on a voulu lui ménager un repos
avant qu'il escalade la tour ajourée que finit la flèche
aérienne. Enfin, au-dessus de la lanterne, la croix à
quatre bras domine de bien haut, bien haut, Strasbourg
et la plaine. « Elle dépasse de plusieurs mètres le grand
vol des hirondelles et c'est à peine si le dernier coup
d'ailes des cigognes réussit à l'effleurer. »

La façade du Münster est superbe. Elle s'impose à
l'admiration de tous les hommes, des simples et des
cultivés. Il y aurait mauvaise grâce à le nier. Mais
l'admiration de bien des personnes, en présence de ce
monument, est surtout motivée par sa hauteur exces-
sive. Pour moi, je n'ai point l'habitude de propor-
tionner la mienne à la cote des niveaux, et j'aime à rai-
sonner mes impressions. Je l'avoue bien simplement,
au risque de scandaliser quelques-uns, à la réflexion, je
n'ai pas été entièrement satisfait, au pied de la *Mer-
veille*. Tout ce décor léger, en avant des murs, me
paraît bien menu. Il est comme une architecture de
fer devant une architecture de pierre. Il y a aussi de la
sécheresse, de la *froideur* dans les profils. Les dessins
sont un peu monotones. On a abusé des décorations
appliquées. La passion de la légèreté apparente, le
désir d'épater le spectateur, pardonnez-moi l'expres-
sion, a entraîné les maîtres-maçons jusqu'aux limites
du bon sens. Et puis, il y a manque de proportions.

D'après un joli dessin sur vélin, conservé au *Frauenhaus;* Erwin de Steinbach avait rêvé deux tours jumelles,

moins hautes que celle qui a été construite. Il les voulait de même élévation, avec des flèches semblables. L'harmonie alors eut été parfaite ; mais « la pensée d'un homme compte bien peu après lui ». Les deux tours, au lieu de se séparer dès le deuxième étage, ont été liées jusqu'à la plateforme par un affreux beffroi. L'une d'elles, celle du Nord, « chef-d'œuvre de science et de calcul, » grandit alors au-delà de toute mesure. C'est un monument sur un monument dont la silhouette laisse un peu à désirer. La flèche est trop courte pour son support. Son départ est mauvais, sa structure étrange. L'effet qu'elle produit ne répond point aux efforts d'intelligence qu'il a fallu faire pour la tracer et pour l'élever. A voir le détail, on dirait un travail de menuiserie. La lanterne, renflée à son sommet, alourdit tout l'ensemble. Jean Hültz, nous le savons, par ses dessins, voulait faire mieux ; les ressources ont dû lui manquer.

Les plans si curieux conservés à l'Œuvre de Notre-Dame nous laissent deviner quelque chose de bien supérieur à ce qui a été réalisé. C'est un accident dû à l'imprudence des architectes qui fit très célèbre la Tour de Pise, c'est la disproportion de la tour et de la flèche de Strasbourg qui a contribué à faire de la façade du Münster l'une des plus grandes curiosités des bords du Rhin.

A l'extérieur de l'église, le long des nefs, du transept et du chœur, il y a bien des détails intéressants. Sur la place du Dôme, vers le Nord, le portail de Saint Laurent offre ses colonnettes, ses guirlandes de ronces, ses branches d'arbres, ses nœuds, ses entrelacs, ses

statues joliment fouillées, tout un ensemble du xvᵉ siècle
fort gracieux qui rappelle certains monuments de
Nuremberg et de Ratisbonne. A l'opposé, au midi, sur
la place du Château, la double porte romane est célèbre
par la beauté de ses bas-reliefs. De chaque côté, se
trouvent les fameuses statues de l'Église et de la Synagogue. C'est, dit-on, Sabine de Steinbach, la fille du
vieux maître Erwin. qui les a sculptées. Tout le monde
s'accorde pour admirer la grâce de leur figure, la dis-
tinction de leur attitude. « Une vie de rêve, a dit Taine,
dut se passer pour trouver des types d'une pareille
beauté. »

Quand on entre dans la cathédrale, par les portes
de bronze du grand portail, on est un peu surpris.
L'élévation démesurée de la façade fait trouver la voûte
un peu basse. Et pourtant, elle s'élève à 30 mètres au-
dessus du sol. Mais bientôt on oublie la première
impression et l'idée d'immensité vous saisit. De l'entrée,
sous les tours, jusqu'au fond du chœur, l'édifice mesure
115 mètres de longueur, et 60 mètres de largeur au
transept. Les trois nefs gothiques rappellent tout à fait
l'abbatiale de Saint-Denis en France. Leurs groupes de
colonnettes élancées donnent à l'ensemble un air de
très grande élégance.

Ce qui surtout charme le visiteur, dès son arrivée,
c'est la beauté des vitraux. Il y en a à toutes les fenêtres
et ils sont de toutes les époques. Ceux qui décoraient
l'église au xiiiᵉ siècle étaient très renommés. Ils furent
détruits en grande partie par l'incendie de 1298. Ceux
qui existent aujourd'hui sont la plupart du xivᵉ siècle,
mais Jean de Kircheim, qui les rétablit, fit entrer dans

son œuvre les fragments qui restaient de l'ancienne vitrerie et il s'en inspira. Du côté de l'Évangile, sont représentés les saints du Paradis ; du côté de l'Épître, les saintes, précédées de la mère de Dieu. A côté de la longue théorie des bienheureux, on voit encore le Jugement de Salomon, la lutte des vices et des vertus, les Prophètes, Aristote, la Création du monde, des scènes de la vie de Notre-Seigneur et de la Sainte Vierge, le Jugement dernier, les œuvres de miséricorde, les Empereurs dont la vie a été mêlée à l'histoire de Strasbourg. Rien de plus joli et de plus suave à l'œil que l'harmonieuse symphonie de ces belles verrières. Le bleu, le rouge, le jaune d'or, le blanc, le vert, sous les rayons du soleil, font à la cathédrale une atmosphère de rêve. Toutes ses couleurs mettent sur le dallage un tapis sans égal. On dirait des fleurs de Paradis semées par les anges et les saints qui demeurent aux fenêtres.

Au fond de la grande nef gothique, une fresque de Steinlé décore le mur plat qui surmonte l'arc triomphal, à l'entrée du chœur roman. Par derrière cet écran, la tour-lanterne polychromée est curieuse. L'abside, surélevée d'une vingtaine de marches au-dessus de la crypte, malgré les peintures qui la décorent, a un aspect sauvage, dans la demi obscurité qui la remplit. Seule, une immense fenêtre se détache sur le fond, pleine de grandes figures lumineuses. On dirait une percée sur le ciel. A droite et à gauche du chœur, le transept à deux nefs est une belle œuvre du xiiᵉ siècle. Il est remarquable par son architecture massive, la beauté un peu rude de ses piliers et de ses colonnes. Il a quelques jolis détails : le pilier des anges, les rosaces de droite qui éclatent dans l'obscurité en chaudes et brillantes couleurs.

Autour du chœur et du transept il y a des annexes de grande importance et de très bon style : les chapelles de Saint-Jean, de Saint-André, de Saint-Martin, de Saint-Laurent et de Sainte-Catherine, la belle salle du Chapitre. Il faudrait des journées pour voir toutes ces parties en détail et des livres pour les décrire. Que de jolis morceaux il y aurait à signaler partout dans la Cathédrale : les grandes orgues avec leur élégant buffet pourpre et or ; la chaire dessinée par Jehan Hammerer et sculptée par Gerber de Kaysersberg, vrai bijou de sculpture fleurie ; le baptistère travaillé comme une dentelle de pierre, en 1453, par Jodoïcus Dolzinger ; le magnifique tombeau de l'évêque Conrad de Lichtemberg, le bas-relief de la mort de la Vierge ; la fameuse horloge astronomique de Schwilgué avec son coq qui chante et ses apôtres qui passent en grande révérence devant Notre-Seigneur. Mais l'Ange qui est devant le grand cadran, déjà plusieurs fois a renversé son sabli.. depuis que je suis entré dans la belle cathédrale, il m'avertit que les heures passent.

C'est à regret qu'il me faut quitter le Münster. Après une petite prière pour l'Alsace et pour la France, devant le grand autel, pèlerin de l'art et de l'Histoire je reprends ma valise et, avec mon compagnon, je m'achemine vers le *Metzer thor* où il y a des fusils en faisceaux et des soldats en faction devant la porte de la ville. Bien des fois, en nous éloignant par les rues, nous nous sommes retournés pour revoir encore la flèche célèbre. Son élan vers le ciel que rien n'a arrêté, pas même le boulet du 15 septembre 1870, nous apparaît toujours comme un symbole. Puissent Strasbourg et l'Alsace garder sans défaillance, jusqu'au retour à la France, les vieilles amours et toutes les fidélités au passé. Nous en gardons l'espérance.

.·.

Un voyage à Strasbourg serait incomplet sans une promenade aux bords du Rhin et à Kehl. Depuis notre petite enfance nous avons entendu si souvent prononcer ces deux noms et ils éveillent à l'esprit tant de souvenirs de Légende et d'Histoire !

La route qui conduit au grand fleuve est large, ombragée, tranquille. Quand on a dépassé les immenses entrepôts, les casernes, les usines fumantes, les cimetières tout remplis de fleurs, on retrouve la jolie campagne de Strasbourg. La brise du Rhin et des canaux entretient dans les herbes vertes tant de fraîcheur qu'on se croirait en Hollande. Mais, en marchant par là, ce n'est point des tableaux de Potter ou de Ruysdaël que l'on rêve. L'histoire militaire de la France, d'elle-même, s'impose à votre pensée, et vous songez aux vétérans des guerres d'autrefois. Sur la chaussée que vous suivez, les soldats de Turenne sont passés quand ils chassèrent de l'Alsace les Impériaux et les Brandebourgeois. Par là aussi ont défilé, tambours battants, les bonnets à poil de la Grande Armée, quand ils allèrent à Vienne et à Berlin.

Occupés par des souvenirs de marches triomphales et

de victoires, nous arrivons à un monument devant
lequel tout Français s'arrête et salue respectueusement.
Dans un petit enclos, entouré de chaînes de fer et
planté de roses trémières, à l'ombre des grands arbres,
une pyramide s'élève, surmontée d'un grand casque de
pierre, avec ces simples mots sur une plaque de marbre,
au-dessous d'un portrait : « A Desaix l'armée du Rhin,
1800 ! » C'est bien peu de chose ce monument ! Mais,
à cette place, comme il nous parle avec éloquence de
la vieille France, de la nation frémissante et guerrière,
de toutes les batailles livrées pour l'honneur et la défense de la Patrie ! Malgré la conquête, les vainqueurs
n'ont pas osé renverser ce témoin de nos gloires. Il reste
comme la marque de notre propriété sur une terre
dont l'Allemagne nous a chassés par le droit du plus
fort.

Bientôt nous sommes aux bords du Rhin. Les Allemands ont pour ce fleuve toutes sortes de respects. Ils
l'appellent *le Vater, le Père, le Vénérable.* Mme de Staël
disait de lui qu'il « a des flots purs, rapides, majestueux
comme la vie d'un héros ». De fait, à le regarder couler,
on a bien l'impression de grandiose puissance. « Beau
comme un Dieu, il arrive en droite ligne de l'horizon
du Sud, vers Bâle, avec une majesté et un aspect de
mystère. » Ses eaux verdâtres coulent entre deux digues
plantées de saules et de peupliers. Elles bruissent, en
écumant autour des galets, comme la mer, le long des
grèves, quand il fait beau.

Autrefois, on passait le Rhin, en face de Kehl, sur un
pont de bateaux, long de 400 mètres, dont la ligne originale coupait au raz de l'eau le cadre calme du paysage.

Il était célèbre ce vieux pont. Il avait vu passer notre gloire. Hélas! notre gloire s'est évanouie, et lui-même il a disparu. Les Allemands, maîtres des deux rives du fleuve, d'Huningue à Cologne, n'ont plus à craindre les Welches et la brusquerie de leurs attaques. A coups de hache ils ont démoli les pontons vermoulus, et, à la place, ils ont bâti un pont-cage immense pour les voitures et les tramways, avec deux passerelles de chaque côté pour les piétons. C'est un travail lourd et prétentieux. Ah! combien j'aime mieux l'autre pont, en aval, celui que les Français ont construit pour le chemin de fer. Il est si bien en harmonie avec le paysage! Celui-là, il y a longtemps que je le connais et il me rappelle l'une de mes premières impressions artistiques. J'avais six ans, la première fois que je vis sa silhouette gracieuse sur la couverture d'un cahier de deux sous. Je ne connaissais encore que les ponts d'Angers; mais il me sembla que dans le beau travail de nos ingénieurs, il devait y avoir quelque chose de point banal, toute une élégance de fer que je ne pouvais exprimer. J'essayai de mon mieux, je l'avoue, sans y réussir, de faire admirer à mes petits camarades d'école les flèches, les clochetons de métal, l'aigle essorante au-dessus du grand portail qui regardait la France. Avant 1870, les extrémités de ce beau pont gothique étaient mobiles. Elles sont fixes aujourd'hui. Il n'est plus besoin de pont-levis, maintenant, la frontière est si loin du Rhin!

Par delà les deux ponts, le grand fleuve continue, dans la direction du Nord, sa marche triomphale. Il s'avance infatigable, entre les peupliers, vers la Trouée héroïque, dispensant à ses rives la caresse de ses eaux.

vertes. Il est le Père et le Roi des deux plaines jumelles
qu'il sépare, et toutes deux s'étendent à perte de vue,
très larges, très riches, « beaux jardins de délices qu'ad-
mirait Louis XIV et qui par leur ciel doux sont pour les
oiseaux de l'Égypte et de l'Afrique une seconde patrie. »

Kehl, où nous entrons, est sur la rive droite une agglo-
mération de 3.500 habitants. En 1688, après la prise
de Strasbourg, les Français y installèrent une petite
forteresse, à la fois tête de pont et pied-à-terre en Allemagne. Une longue et large rue entre des maisons peu
élevées, sans style, proprettes, ornées de plantes grim-
pantes, des inscriptions allemandes aux façades, une
église, un petit hôtel de ville où flotte le drapeau du
Grand Duché, des écoles à la porte desquelles il y a de
beaux enfants aux regards très doux, des employés de
tramway, des hommes du pays qui causent et rient, la
pipe à la bouche, devant le monument des Badois morts
en 1870, c'est toute la petite ville.

Les gens de Strasbourg y viennent le dimanche, et
aussi sur la semaine, en parties fines. Sous les jolies
tonnelles des jardins, le long du fleuve, à l'ombre des
clématites et des treilles, des serviettes en papier sur
les genoux, ils y mangent la carpe et le saumon du
Rhin, ils y boivent dans des brocs émaillés, à couvercles
d'étain, des *Berliner weiss Bier* et aussi dans les coupes
de cristal le vin pétillant de Fribourg et de Zæhringen.

Pendant que nous nous promenions dans la rue de
Kehl, un régiment de hussards passa, pennons flottants.
Il revenait de la promenade. En tête marchaient les officiers, droits sur leurs jolis chevaux du Samland, bien
pris dans leur bel uniforme bleu de ciel, la tête émer-

geant d'un col très haut et très blanc sous le talpach à
revers rouge. Ils avaient le visage dur, barré par une
fine moustache, l'œil intelligent, dominateur. Ils causaient entre eux en faisant de grands gestes. A distance,
par derrière, venaient les sous-officiers. Ils avaient
bonne mine, eux aussi, belle tournure sur leurs chevaux,
et se bombaient la poitrine pour se donner de l'importance. A la suite marchaient les hommes. Tous étaient
jeunes, de moyenne taille et très blonds. Ils allaient, ces
fils de la Germanie, au pas de leurs montures, et, suivant l'ordonnance, le torse en avant, le ventre rentré,
les reins en arrière, le menton haut. Et ils chantaient
en mesure *die Wacht am Rhim*, la *Garde au Rhin*. Les
premiers rangs entonnaient le couplet, la masse des
cavaliers répondait par le refrain :

> Chère patrie, n'aie crainte.
> La Garde est fidèle et sûre,
> La Garde le long du Rhin !

Ce régiment qui passait, ces airs patriotiques aux
bords du fleuve étaient, je vous assure, bien impression-
nants pour des Français. A voir la tenue des officiers
et des soldats, la conviction avec laquelle les hommes
chantaient, on avait la certitude que l'âme des Bruns-
wich, des Blücher et des Frédéric-Charles anime toujours l'armée allemande. Aujourd'hui, comme autrefois,
ses soldats gardent au cœur l'amour de la patrie et
l'obéissance aux chefs, deux choses qui rendent invin-
cibles. Guillaume II peut avoir toutes les audaces. Il
sait que quatre millions d'hommes sont prêts à se lever
à sa voix et à supporter toutes les souffrances pour la

défense du *Vaterland*. Il est pour eux le chef permanent, incontesté, « le fils des maîtres passés, le père des maîtres futurs. » Et l'Allemagne qui doit tant à ses soldats garde le respect de l'armée comme un dogme intangible et vital.

Quelle leçon pour nous! — Pendant que l'Allemagne fait bloc pour sa défense, dans notre pays, la notion du sacrifice et de l'obéissance à l'autorité légitime s'en va. Nos officiers et nos soldats n'ont plus confiance les uns dans les autres; la masse du peuple, chaque jour aveulie, applaudit les sans-patrie qui braillent l'*Internationale* et prêchent, au nom de je ne sais quelle *Humanité*, ce qu'ils appellent la guerre aux plumets et aux galons.

Pour les Allemands, l'armée n'est pas seulement *l'incarnation de la Patrie*, elle est aussi *la fille de Dieu*. Laissez-moi vous dire comment ils s'acquittent des devoirs que ce titre leur impose, par le simple récit de ce qui se passe, chaque soir, à Strasbourg, sur la place Kléber.

A la nuit tombante, un coup de trompette retentit. Cela ne rappelle en rien nos sonneries françaises. C'est une phrase longue, haute, un appel prolongé dans la grande paix du soir. On croirait entendre le héraut d'armes de la légende annonçant l'arrivée de Lohengrin. La même phrase, étrange, par trois fois retentit, à intervalles égaux, et l'on voit la Grand'Garde de l'*Aubette*, qui arrive en armes, sur la place, pour la prière. Les hommes se rangent en ligne devant la statue du « Lion des batailles ». A un commandement très sec du sous-officier de service, les crosses des fusils touchent

le sol, chaque soldat lève son casque, et, incliné pendant quelques minutes, il implore les bénédictions de
Dieu pour les armées de Guillaume. Après la prière,
les hommes, par un mouvement automatique, ramènent
leur arme sur l'épaule, tournent sur eux-mêmes et
rentrent à leur logement. Les casques à pointes un instant luisent dans le crépuscule et des rayons d'étoiles
courent aux canons des fusils. Les bottes battent le bi-
tume avec ensemble. Dans leur cadence « il y a comme
un écho lointain du roulement des canons Badois qui
brûlèrent Strasbourg. » La trompette lance encore sa
note prolongée, plus haute, plus triste que la première
fois. Le son s'élève, puis il tombe, et dans le silence de
Strasbourg, à l'*Aubette*, « sous le regard du Dieu adouci
qu'ils ont prié, les soldats d'Allemagne commencent
leur nuit, comme le lendemain, dès l'aube, ils commen-
ceront leur journée ». Ils se font petits devant le Seigneur. Chaque jour, ils le remercient des triomphes
passés et lui demandent la force pour les combats de
l'avenir.

Pendant ce temps-là, à quelques kilomètres, au delà
des Vosges, l'armée française, sans souci des rudes
leçons du passé, n'a pas seulement une pensée pour
Dieu. Déjà, depuis de longues années, l'image du
Christ a disparu des chambres de ses casernes. Plaise
à Dieu que nous ne soyons pas punis un jour de nos
divisions et de nos ingratitudes et tirés trop durement
de l'abîme où tous les jours nous nous enfonçons
davantage !

Mais je m'aperçois que je suis un peu loin de Kehl et
du Rhin. Voilà : le fleuve, la ville, tout ce qu'on voit

aux bords de l'eau ou dans la rue, évoquent tant de souvenirs militaires ! L'un appelle l'autre et de fil en aiguille on se laisse entrainer.

Pendant que nous devisions de la France et de l'Allemagne, comme je viens de le faire, le temps coulait et onze heures venaient de sonner à l'hôtel de ville. Le *tram* pour le *Metzerthor* allait partir. Vite, un dernier coup d'œil au Rhin et au pont, — à l'ancien, celui dont j'avais vu la silhouette sur un cahier de deux sous, quand j'étais petit. — Nous saluons encore une fois le monument de Desaix, et, en toute hâte, nous filons sur Strasbourg.

* *

Au retour de notre petite balade à Kehl, nous traversons la ville, sans nous arrêter, pour prendre à la gare centrale le train de Rosheim. Il était midi, et nous voulions aller coucher, le soir, au Sainte-Odile.

En quittant Strasbourg, nous passons par un long couloir sous les remparts et nous sommes de nouveau dans la plaine d'Alsace, riche et plantureuse, au milieu des champs de tabac, des houblonnières, des chaumes et des couverts. Nous nous arrêtons quelques minutes à Königshoffen, où fut signée, dans un wagon de marchandises, la capitulation de Strasbourg ; nous passons à Molsheim où il y a de jolies halles à ornements gothiques et Renaissance. Après avoir aperçu, vers l'ouest, l'entrée de la vallée de Schirmeck, nous arrivons à Rosheim, au pied des Vosges, couvertes de vignes et de forêts. La petite ville possède des maisons très anciennes et une vieille église consacrée en 1049 ; mais nous n'avons point le temps de nous y arrêter.

A Rosheim, nous quittons la grande ligne de Strasbourg à Mulhouse pour prendre le petit train provincial qui dessert Nieder-Ottrot et Saint-Nabor. Il ressemble tout à fait à notre *déraillard* d'Angers à Baugé. Lui aussi, il marche du pas des facteurs. Haletant, soufflant, il nous mène à travers des vignes, par un pays accidenté et charmant, vers les montagnes que dominent les ruines imposantes de Guirbaden dont le seigneur était roi de tous les ménétriers de l'Alsace. Nous montons, nous montons toujours, et, après avoir franchi le Klingenthal, plein de fraîcheur, nous arrivons à Nieder-Ottrot, vrai nid de verdure, au milieu des vignes. Il y a là deux églises dont les cloches ont des sons très graves quand, le soir, à leur appel, le couvre-feu répond dans la plaine de paroisse à paroisse.

Nous dînons à la porte d'un hôtel, près de la gare, à l'ombre des glycines. Il fait une chaleur d'Afrique et l'on s'inquiète un peu de monter au Sainte-Odile, en pleine méridienne. Nos valises sont lourdes et le chemin est dur. Mais notre hôtesse nous rassure tout-à-fait.

« Messieurs, nous dit-elle en bon français, vous allez monter au Sainte-Odile, je vous félicite. C'est un pèlerinage célèbre et une jolie promenade. Le site est enchanteur, au centre d'un panorama splendide, à quatre pas du *mur des Païens*. Là-haut, soyez sûrs, vous trouverez bon accueil. Mais, puisque vous venez de France, vous connaissez tout cela. Vous avez lu les *Oberlé*, et M. Bazin, qui aime tant notre Alsace, en a dit des merveilles. L'excursion est tout-à-fait facile. Au dessus d'Ottrot, vous prendrez les marques rouges et vous irez tout droit. D'ici au couvent, c'est une petite promenade à pied de 2 heures. On y va et on en revient avant le déjeuner, histoire de se dégourdir les jambes et de s'ouvrir l'appétit. Et puis, ajoute-t-elle, en scandant sa phrase avec conviction. vous verrez comme il est agréable le chemin dans la montagne ».

Après avoir payé notre dépense, remercié la maîtresse d'hôtel de ses bons renseignements, et salué les personnes de la maison, nous partons, alertes et dispos, pour le Sainte-Odile.

A l'extrémité de la grande rue d'Ottrott, nous trouvons un poteau indicateur avec cette inscription : *Odilienberg, 4 kilom*. Une lieue à faire, même par une chaleur atroce, avec une valise sur le dos, n'avait rien d'effrayant. — » Nous avons de bonnes jambes, me dit avec confiance, mon compagnon. En marchant sans nous emballer, posément, avec méthode, tu verras, nous arriverons sans fatigue. » — Nous prenons les marques rouges, et, par une *coyette*, dans un champ de luzerne, le long d'un chemin creux, nous arrivons à la forêt qui couvre la montagne. Le sentier est escarpé, rocailleux, mais plein de charmes.

Des sapins par milliers se dressent sur les pentes, comme des géants, jusqu'au dôme de verdure qui ferme le ciel. D'autres descendent vers la plaine, en rangs serrés, « comme une armée en marche. » La lumière du soleil, bleuie, transfigurée, — on dirait qu'elle a traversé des vitraux, — perce à travers les frondaisons serrées, et tremblotte sur les troncs blancs piqués de mousses ou bien, par de grandes brèches dans la ver dure, elle ruisselle éblouissante, le long des arbres, sur les branches folles qui pendent dans l'air, sur les lichens, et les roches qui flamboient. Il y a au pied des pins et des sapins des sous-bois ravissants, couverts de géraniums en fleurs, de fougères et de myrtilles. De tous les arbres qui suintent la résine, de toutes les fleu-rettes qui émaillent si joliment les pentes de rouge et de bleu, sous l'action de la lumière très intense, toutes sortes de senteurs végétales et terrestres nous arrivent, délicieuses à respirer.

Par endroits, il y a des bancs, nous nous y asseyons un instant pour nous reposer et surtout pour admirer. En face de nous, la forêt s'entrouvre. Dans l'air qui danse il y a de belles échappées, vers Niedermunster ou Saint-Gorgon, sur un bout de prairie, vraie tache d'éme-raude, où l'on aperçoit, *comme des pétillements d'éclairs*, l'eau des petits ruisseaux qui zigzaguent parmi les herbes. Dans le lointain, c'est la plaine d'Alsace, toute diaprée de la variété de ses cultures. On dirait un beau tapis d'Orient.

Nous continuons de monter, toujours parmi les grands arbres. Les uns escaladent les sommets, les autres des-cendent dans les creux où l'obscurité humide « couvre de son suaire » les fougères et les troènes. Dans le silence de la grande forêt, on n'entend d'autre bruit que celui de nos pas, ou bien ce sont quelques pierres qui débou-linent au-dessous de nous, sous les pieds d'un petit lapin surpris qui détale de son gîte, les oreilles droites, la queue retroussée.

Tout entiers à la variété du spectacle, aux petits inci-dents de la route, nous marchions sans trop songer à la

fatigue qui commençait à venir. Quelques groupes de
voyageurs redescendaient la montagne. Les uns nous
regardaient sans rien dire ; les autres, très polis, nous
saluaient en passant. A un moment, dans une percée,
au-delà d'une vallée, nous apercevons sur notre gauche,
mais bien loin, dominant des pentes couvertes de
forêts, une petite chapelle, puis, par derrière, des constructions. Pas de doute possible, c'était le Sainte-Odile
que nous avions en vue. Et nous qui croyions être
rendus ! Il y avait deux heures que nous étions partis.
Les quatre kilomètres marqués sur le poteau, à la
sortie d'Ottrott, étaient faits, archifaits. Pourtant, à voir,
par à peu près, la distance qui nous séparait du couvent, nous n'avions guère fait que la moitié du
chemin.

Pendant que nous nous demandions pourquoi les
renseignements de l'hôtesse et les indications du
poteau correspondaient si peu avec la réalité, je me rap-
pelai qu'en Alsace, comme chez nous, on a l'habitude
de compter par lieues. Or il y en a des courtes, et il y
en a des longues. Celle d'Ottrott à Sainte-Odile, bien
sûr, ne doit pas être des plus courtes ; mais on ne l'a
jamais comptée que pour une, et une lieue réduite à la
mesure moderne, ne vaut que quatre kilomètres. J'avais
trouvé, je crois, la solution du problème. — « Allons,
marchons, me dit galment mon compagnon. En voyage
on n'y regarde pas de si près, quelques pas de plus ou
de moins, belle affaire ! Plus la course sera longue,
plus nous serons contents d'être au bout ! » — Tant de
philosophie s'ajoutant à mon arithmétique, l'air parfumé de la montagne, la sérénité du ciel apportèrent à

notre esprit, un moment plein d'angoisse, une *petite mutation*, comme aurait dit Montaigne.

La deuxième heure de notre voyage devait durer 115 minutes; mais rien de plus naturel dans un pays où le mètre peut valoir six pieds. Bientôt, clopin-clopant, cahin-caha, nous arrivons au *Heidenmauer* après lequel nous soupirions depuis si longtemps.

Le *Mur Païen* est une curieuse construction. Il a 3 à 4 mètres de haut, 2 mètres de large. Il est formé de grosses pierres en grès vosgien, liées ensemble, sans ciment, par des tenons de bois en forme de *queue d'aronde*. Dans ses capricieux détours, le long des sinuosités de la montagne, au bord des précipices, il forme une triple enceinte de 10 kilomètres. Par qui et pourquoi fut élevé ce formidable rempart? Personne ne le sait. Probablement par des populations Celtiques, pour se protéger contre les premières incursions des Barbares Germains.

Tout en parlant de la Préhistoire, nous sortons de la forêt. Après avoir traversé une prairie où il fait une chaleur de fournaise, nous pénétrons dans un petit bois, et, par un raidillon très dur, nous arrivons au couvent, bâti au VIIe siècle sur un plateau de grès rose, entouré de précipices, et dominant un pêle-mêle de forêts, vrai chaos de verdure. Enfin nous y sommes à cet endroit fameux, visité par Charlemagne, Frédéric Barberousse, Richard Cœur de Lion, le pape Léon IX. Aujourd'hui, propriété de l'Évêché de Strasbourg, la vieille abbaye est toujours le pèlerinage religieux et national où tout Alsacien vient, au moins une fois dans sa vie, « admirer, se souvenir et prier ».

La grande porte est ouverte, nous entrons. Dans l'avant-cour entourée de bâtiments en grès rose, très modernes, avec quelques restes anciens, il y a des automobiles, des voitures dételées à l'ombre des grands tilleuls. Des petites orphelines s'amusent, des pèlerins, des touristes achètent des souvenirs. Dans un coin, des messieurs, qui reviennent de la promenade, entourent un prélat de grandes manières et très élégant, Mgr Zorn de Boulach, le jeune coadjuteur de l'Évêque de Strasbourg. Nous passons à distance, en grande révérence, chapeau bas, et Sa Grandeur répond à nos saluts de façon fort gracieuse. En l'absence de la *Fraumutter*, une de ses assistantes nous reçoit, très polie, très aimable ; mais elle finit par nous dire, la bouche en cœur, qu'elle n'a plus de chambre à donner pour la nuit, qu'elle est vraiment désolée. — Désolés, nous l'étions bien d'avantage. La pensée d'avoir à redescendre jusqu'à Nieder-Ottrott, pour y coucher, malgré tous les attraits de la route, n'avait, pour l'instant, rien de bien gai. Enfin, à force de parlementer, en usant de beaucoup de diplomatie, tout s'arrangea. La révérende mère promit de nous faire préparer deux lits, par terre, entre des tables, dans un réfectoire.

Certains désormais de passer la nuit au Sainte-Odile, nous nous empressons de visiter le couvent. Nous nous dirigeons d'abord vers les chapelles, à droite. La première, la plus grande, a des parties du XVe siècle et du XVIIe. Elle est peinte. A côté se trouvent deux oratoires du XIIe siècle, fort curieux. L'un est dédié à la Sainte Croix, l'autre à Sainte Odile. Dans une châsse de verre est couchée la statue en cire de la patronne de l'Alsace.

Elle porte le costume d'abbesse avec le voile noir, la robe des religieuses, le grand manteau violet doublé d'hermine, la crosse d'or entre les bras. Des pèlerins sont à genoux devant l'autel. Nous faisons de même. Après notre prière, nous traversons la seconde cour, l'ancien cloître. Autour de parterres bien tenus se dressent de grands bâtiments de date assez récente et sans caractère.

Nous descendons au pied des rochers à pic qui portent le monastère, vers le cimetière des religieuses et la fontaine que Sainte Odile fit jaillir de terre pour étancher la soif d'un pauvre malheureux. Les paysans atteints de maladies d'yeux viennent s'y laver pour guérir. Le long de la promenade, autour des grandes falaises où s'accrochent, on ne sait comment, des tilleuls et des noyers, les pentes de la montagne sont si raides qu'on ne voit pas le pied des grands arbres qui pointent leur tête vers le ciel.

De retour au monastère, sur les 5 heures, nous allons au jardin où se trouvent la chapelle des Larmes et l'oratoire des Anges. C'est là que l'on vient dans la nuit du samedi saint pour entendre sonner les cloches de Pâques C'est là que l'on vient, en tout temps de l'année, pour voir l'Alsace. Vers l'est, un petit parapet à hauteur d'appui « longe la crête d'un bloc énorme de rocher qui s'avance en éperon au-dessus de la forêt. » De ce belvédère le regard embrasse l'un des panoramas les plus beaux que l'on puisse rêver. A perte de vue, de tous côtés, vous avez à vos pieds des arbres, rien que des arbres, des pins, des sapins, des chênes, des hêtres. Impossible de s'imaginer pareille verdure, pareille fraîcheur. Rien par là qui ne rie et qui ne vive.

Au delà des arbres qui escaladent les pentes, descendent dans les vallées, grimpent jusqu'aux sommets les plus aigus, on aperçoit, à gauche, Nieder-Ottrott, au milieu de ses vignes ; Obernai, la patrie de Mgr Freppel, jolie petite ville avec les flèches de son église, le toit multicolore de ses vieilles halles, ses maisons roses et ses vergers ; à droite, c'est Saint-Nabor assis sur sa moraine, et, dans les arbres, Saint-Jacobs-Hospital, tout pimpant sous les couleurs brillantes de ses façades. Dans le lointain, vers le nord, la cathédrale de Strasbourg laisse deviner sous la brume la flèche de sa tour ; vers le sud, la vue s'étend presque sans limites du côté de Colmar et de la Suisse. En face, c'est l'Alsace avec ses cultures, ses rangées de peupliers et de noyers, ses boqueteaux et ses grands bois, les lignes blanches de ses routes, ses canaux dont les eaux ont des reflets d'acier bruni. Trois cents villages roses, serrés autour des vieux clochers, sont assis dans la plaine, au milieu des jardins et des vergers. Bien loin, bien loin, tout près de l'horizon, une grande ligne de verdure annonce le Rhin. Au delà de la buée qui s'élève au-dessus du fleuve en un long ruban floconneux, on aperçoit la plaine Badoise, et enfin, dans une atmosphère bleu cendré, la silhouette de la Forêt Noire.

A mesure que la journée s'avance, le spectacle que l'on a sous les yeux devient de plus en plus attachant et son charme irrésistible. A chaque minute, les détails s'estompent d'avantage, et le soleil qui va se coucher dans un océan de feu, derrière les montagnes, jette dans les splendeurs du ciel de grands rayons de gloire.

Quelques-uns fusent en longues traînées lumineuses et poudroient d'or tout ce qu'ils touchent sur les pentes boisées ou dans la plaine. Bientôt, par les montagnes, dans les vallées, la brume s'élève lentement, par petits nuages moutonnés et frisés. La nuit qui approche, les lumières qui s'allument dans la plaine, les fumées qui montent toutes droites des maisons, l'*Angelus* que tintent doucement les cloches d'Alsace : la poésie des choses vous empoigne et vous ravit.

C'est avec regret que nous nous arrachons à ce beau spectacle, pour aller dîner. Dans le réfectoire réservé aux prêtres nous trouvons une agréable société. La conversation y est très animée. Autour de la grande table, sous la lampe, on parle de l'Alsace et de la France, du Sainte-Odile et des vieux châteaux des environs. Entre temps, le menu des bonnes religieuses et le vin de l'évêque de Strasbourg nous remettent complètement des fatigues de la journée.

Après notre prière à la chapelle, au moment où nous descendons dans l'avant-cour du couvent, un spectacle des plus reposants nous attendait. Autour des vieux tilleuls, dans une demie obscurité, une vingtaine de fillettes dansaient des rondes. En un tel lieu, à 500 mètres au-dessus de la plaine, à la fin d'une belle journée d'août, au milieu d'une atmosphère chaude, toute chargée des parfums de la montagne, rien n'était plus charmant que les mouvements rythmés des petites Alsaciennes. Leurs voix s'élevaient sous les étoiles, nuancées, claires et pures comme le cristal, quand elles chantaient les gais refrains où revenaient, à

chaque instant, les jolis noms de *Valeri Valera*. Les
étrangers faisaient cercle. Ils riaient et applaudissaient
à la joie des enfants. De temps en temps, entre les
les rondes, dérangés dans leur sommeil, les moineaux
pépiaient au-dessus de nos têtes, dans les tilleuls, en
manière de protestation. Vers 10 heures, une religieuse
frappa dans ses mains trois fois. La récréation du soir
était terminée. Les petites filles se rapprochèrent les
unes des autres, elles saluèrent gentiment la société
qu'elles avaient si bien amusée, et, deux par deux, dans
l'ombre de la cour, elles rentrèrent à l'orphelinat. Un
instant, les voix gazouillèrent encore, comme celles des
petits oiseaux dans les haies quand le soir tombe. Elles
se turent les unes après les autres, et ce fut au Sainte-
Odile le grand silence de la nuit.

Rentrés à notre logement, je vous assure que nos lits
furent trouvés excellents. Je m'endormis en me cou-
chant, et je ne fis qu'un somme de toute la nuit. Le
lendemain, levés de grand matin et bien reposés, nous
dîmes nos messes à la chapelle de Sainte-Odile. Après le
déjeuner, avant de partir, une fois encore nous voulions
contempler l'Alsace du jardin du couvent. Mais, ce ma-
tin-là, impossible de rien apercevoir. Le brouillard
couvrait la plaine et la montagne d'où émergeaient
seulement quelques têtes de sapins. Pas un souffle dans
l'air et, bien haut dans le ciel, des nuages passaient
par devant le soleil. — « C'est bon signe, ce que vous
voyez là, nous dit quelqu'un. Avant une heure tout cela
sera dissipé, vous verrez, la journée sera belle, lumi-
neuse ». — Confiants en ces paroles, nous fîmes nos
adieux au Sainte-Odile pour descendre du côté de

Barr, en suivant dans la montagne les marques rouges.

Il est intéressant à suivre, aux heures matinales, le beau chemin de Barr, sur la crête d'un bel amphithéâtre de forêts, le long du *mur Païen*, au bord des précipices. Partout, au-dessus de nos têtes, des grands arbres, et, à nos pieds, de chaque côté, des géraniums, des bruyères et toutes sortes de jolies fleurs. De temps en temps nous nous arrêtions pour regarder le paysage. Le soleil, déjà très élevé au-dessus du Rhin, achevait de dissiper la brume. Dans les bas-fonds quelques lambeaux accumulés continuaient d'y former des espèces de lacs entre les grands sapins. Les derniers nuages couraient dans le ciel. Ils s'étalaient sur les forêts, les quittaient pour les rendre à la lumière. Selon les alternatives de leur marche, les points que nous regardions semblaient tour à tour se réjouir ou s'attrister, et le couvent de Sainte-Odile dont nous étions déjà loin s'avançait tout rose vers la plaine au dessus de la verdure.

Après une heure de marche dans l'air pur du matin, nous perdions de vue le Sainte-Odile pour passer sur un nouveau versant de la montagne. Nous étions au *Männelstein*. — « Accours, me dit mon compagnon qui m'avait devancé, viens voir comme c'est beau! » — Du haut du vieux rocher des Druides qui s'avance comme une table au-dessus des grands arbres, nous avions à nos pieds un magnifique panorama. Dans un bain d'air plus chaud, plus lumineux qu'au Sainte-Odile, c'était la vallée de Barr qui toute entière s'offrait à nos regards. Les sapins et les hêtres descendaient jusqu'aux bords du Kirneck. Au-delà du torrent, la forêt verte, un peu estompée par la distance, montait à l'assaut du Bloss et du Rosskopf, d'où émergeaient, à mi-hauteur, d'un tapis de bruyères, les châteaux d'Andlau et de Spessbourg. Vers la plaine, Barr groupait ses maisons autour de ses clochers dans les vignes, et, en avant, sur un éperon, se dressait en vedette le donjon rose de Landsberg où naquit Herrade, l'abbesse célèbre, qui peignit les miniatures de l'*Hortus deliciarum*, manuscrit fameux que brûlèrent les Badois de von der Thann, en bombardant Strasbourg. Au fond de la vallée, tout un amphithéâtre de verdure montait vers le *Hohwald* d'où ruisselaient maints torrents.

La descente se fit à travers la forêt par des sentes abruptes, cailloutenses et roulantes à nous arracher le ventre. Au fond de la vallée, quelques kilomètres de route carrossable nous parurent bien longs, sous le soleil qui commençait à chauffer terriblement. Par un chemin de traverse, au milieu des vignes en échalas qui entourent Barr, sans passer par la ville, vers 10 heures, nous arrivons à la station.

.·.

Nous prenons le train à destination de Saint-Pilt où nous voulions descendre pour aller de là visiter le château du *Hoh-Königsbourg*. Nous traversons l'extrémité du *Ried*, une Normandie très humide. On y voit de grands herbages où paissent de nombreux troupeaux de vaches. Du cours endigué de l'Andlau s'échappent à travers les prairies de minces filets d'eau coupés de petites écluses. Sur les bords, entre les roseaux et les iris, les hautes menthes répandent leurs parfums. De ci de là, des trembles s'agitent à la moindre brise, rappelant, dit la tradition populaire, que la croix du Christ fut faite de leur bois, ou bien ce sont de grands peupliers blancs à travers lesquels, au moindre souffle, « passent comme des frissons de soie pressée ». Puis nous entrons dans le domaine des tabacs alignés symétriquement, des betteraves, des pommes de terre. Quelques houblonnières avec leurs grandes perches, « semblables à des mais fleuris, » forment un rideau des plus gracieux. A mesure que nous avançons vers le sud, la terre, très divisée, est détaillée en rectangles, « en minuscules fichus ». Le long des routes, des platanes, des noyers, — certains, dit-on, continuent d'être plantés en vertu d'ordonnances royales du temps de Louis XIV — rompent la monotonie des champs. Du côté de l'ouest, la montagne ferme l'horizon. Figurez-vous toute une série de croupes couvertes de vignes et de forêts. Elles se chevauchent les unes les autres, baignées dans une vapeur bleuâtre ou dorée. Par là, nulle violence, point de tons heurtés. C'est une vision de clarté infinie que ne peuvent rendre nos couleurs trop lourdes ou trop ternes. Sur la montagne, encore des *burgs* roses où semble dormir une Walkyrie. Dans la plaine, tout près de la ligne, les petites maisons des villages sont groupées autour de leurs églises. Le vieux donjon, demeure du seigneur féodal, et la maison du Dieu qui est au ciel : ces deux édifices, dans toute l'Alsace, vont de pair au milieu des habitations des petits et des humbles. Pour elles à peu près seules l'art s'est ingénié et il a trouvé des combinaisons grandioses ou délicates.

Nous passons à Schlestadt. De toutes les villes de

l'ancienne Décapole, ce fut la dernière à reconnaître notre domination. Aujourd'hui, elle n'a plus ses remparts. A la place, on a arrangé de belles avenues pleines de fraîcheur et de gaieté. De coquettes villas les bordent, au milieu des fleurs et de la verdure. Une église célèbre du xi⁰ siècle, Sainte-Foy, une autre du xv⁰ siècle, Saint-Georges, la tour de l'Horloge avec de belles fresques à l'extérieur, sont les monuments curieux de la vieille cité.

Quelques minutes encore, et nous arrivons à Saint-Pilt, une station en pleine campagne, à 3 kilomètres du village dont elle porte le nom. On dirait qu'il y a gêne dans le contact encore hésitant entre le vieux bourg et la station moderne. On voisine, mais un peu trop à distance pour les voyageurs.

A la descente du train, en plein midi, la chaleur est torride, et il n'y a point de voiture pour aller au village. Nous prenons notre parti en braves. Après avoir déposé nos valises à l'auberge-buffet, par la route qui poudroie entre les champs, sans autre abri contre le soleil que l'ombre de mon parapluie, nous marchons droit au village au delà duquel, à 8 kilomètres, en face de nous, le *Hoh-Kōnigsbourg* dresse fièrement sur sa montagne la silhouette de son donjon, de ses remparts et de ses tours.

Bientôt, suants, haletants, nous arrivons à Saint-Pilt. C'est un vieux bourg, au fond de la plaine, comme il y en a tant en Alsace. Ses fossés, ombragés de grands arbres, ses murs, ses tours de défense existent encore en partie. Le long des rues, les maisons sont proprettes. Il y a des auberges de belle apparence et fort bien tenues. Nous entrons à la *Couronne, Zum Krone*, pour y déjeûner. Nous trouvons là bonne table et les plus aimables des hôtes. Notre repas fini, nous partons sans tarder pour le *Hoh-Königsbourg*. Saint-Pilt n'a point de monuments pour nous retenir. L'Église, à part quelques restes du xvᵉ siècle, est toute récente et le clocher très banal. L'Hôtel de Ville seul a quelque cachet. Ancien rendez-vous de chasse des Ducs de Lorraine, il porte incrustées et peintes, sur sa façade, les armes de ses Princes, avec, au dessous, la date de 1506.

Au sortir de Saint-Pilt, nous entrons dans les vignes. Deux chemins se présentent à nous pour aller au château : une longue route qui serpente sur les flancs de la montagne et un sentier qui monte en droite ligne, le *Pfad du Prince Eitel-Frédéric*. Très pressés d'arriver, nous coupons au plus court. Mais quelle fatigue par cette montée de tire-jarret, sans autre abri que l'ombre très maigre de petits bois de châtaigniers où l'on étouffe ! Nous passons à côté d'une carrière de granit d'où l'on a extrait des colonnes monolithes pour la basilique du Sacré-Cœur, à Montmartre. Un peu plus haut, le granit cesse, remplacé par le grès. Au contact des deux roches, nous traversons la route impériale, et nous arrivons à l'Hôtel du Hoh-Königsbourg. Il est à 540 mètres au dessus du niveau de la mer et le château à 730. Sans nous arrêter sous les tonnelles de la terrasse où la bière de Pilsen coule à flots dans les brocs et dans les verres, nous poursuivons notre chemin par les lacets d'un bois de chênes où la chaleur est suffocante. Nous rencontrons une bande de petits garçons et de fillettes en excursion, sous la garde d'un

instituteur et de bonnes religieuses. Heureux enfants!
ils n'avaient point l'air de se tourmenter de la chaleur,
ils couraient et gambadaient, pleins de pitié pour les
pauvres voyageurs qui s'épongeaient en marchant péni-
blement. Nous laissons à droite le chemin dallé par où
montaient les chevaliers du Moyen Age. Il est abrupt
comme notre montée Saint-Maurice d'Angers. Quelques
minutes encore, et nous arrivons au château.

Fondé au xiie siècle par les Hohenstaufen, comtes
d'Alsace, habité après eux par les Habsbourg, il fut
rasé au xve siècle. Rétabli à cette époque par le comte
de Thierstein, conseiller de l'empereur Frédéric IV, il
fut démantelé par les Suédois, en 1633, et resta en
ruines jusqu'à notre époque. En 1902, la ville de
Schlestadt, qui en était propriétaire, l'offrit à l'empereur Guillaume II. Celui-ci accepta avec empres-
sement à condition que la restauration en serait entre-
prise à frais communs par la Cassette Impériale et le
Gouvernement de l'Alsace-Lorraine. Des millions de
marks déjà ont été dépensés, et, dans quelques mois,
la vieille forteresse sera remise dans son état primitif.

Les constructions sont en grès rouge, jetées à la
diable, au sommet de la montagne, à des niveaux dif-
férents, suivant les aspérités du sol. Elles se com-
mandent les unes les autres et enveloppent des cours
intérieures, un grand jardin où les Dames venaient
« colir des flors », un *thiergarten* où l'on élevait, sous
les grands arbres, des cerfs, des daims et des chevreuils.
De cet ensemble de murailles et de tours talutées le
donjon se dégage et se dresse fièrement dans les airs.
C'est une grande tour carrée avec des échanguettes à

étages et des machicoulis. Au sommet de sa toiture plane l'aigle noire des Hohenzollern.

Bien que datant, pour la plus grande partie, du xve siècle, le *Hoh-Königsbourg* rappelle, dans l'ensemble de son architecture, la façon de faire des maîtres du xiiie siècle. Il a dans sa silhouette une grandeur et une hardiesse qui impressionnent tous les visiteurs. Pas la moindre trace de luxe. C'est un édifice « plein de logique et nu ». Seuls les points d'appui, les angles, les linteaux, les encorbellements sont en pierres de taille. Le reste est en moëllons de grès rose à la surface rugueuse. Pourquoi aurait-on cherché en pareil endroit des colifichets! Ils n'auraient été appréciés, la plus grande partie de l'année, que par les aigles et les vautours. L'aspect sauvage de tout l'ensemble est bien en harmonie avec l'âpreté des lieux, et le soleil, qui est un grand artiste, se charge d'accrocher aux grandes murailles les ornements qui leur conviennent par un jeu des plus curieux de l'ombre et de la lumière.

La porte de la forteresse, très simple, s'ouvre sous une galerie à machicoulis décorée du grand écusson sculpté des Hohenstaufen. Le lourd vantail en bois de chêne, à portillon, est tout bardé de fer et décoré de gros clous avec un judas que protège un très joli grillage en fer forgé. Au delà, c'est le *bayle* extérieur, pavé de grandes dalles irrégulières, avec ses murs crénelés et ses *aléoirs* protégé par des *hourds*. Un inventaire de 1530, conservé aux archives de Colmar, nous indique la destination de chacun des bâtiments de service. A l'entrée, c'est la loge du portier, puis se succèdent le long des murs, l'écurie aux ânes, l'écurie aux chevaux, la forge, le corps de garde, la fauconnerie, l'hôtellerie où l'on hébergeait la suite des personnes de condition et les gens appelés pour leurs affaires. Ce dernier bâtiment est en bois et en torchis. Les salles qu'il renferme ont des cheminées à hottes, de grosses poutres et des poutrelles enluminées, des fresques sur les murs, des vitraux à toutes les fenêtres.

Du *bayle* extérieur on pénètre dans le château par la porte des Lions. A gauche, dans une tour, une jolie couleuvrine du xvıᵉ siècle, montée sur son affût, enfilait la base des murs et la porte d'entrée. Un petit courtil, un escalier de quelques marches, un grand couloir mènent au *bayle* intérieur qui contient les citernes. Tout autour, aux façades de grès, très sévères d'aspect, il y a des fenêtres simples ou gemellées, avec ou sans meneaux. A différentes hauteurs, des galeries de bois sur des corbeaux de pierre établissent des communications entre les escaliers et les appartements des étages. A l'intérieur, dans le sous-sol, on voit de grandes caves voûtées. Dans l'une d'elles, Guillaume II a fait placer un immense tonneau sculpté, comme on en voit au château de Heidelberg ou au Rathskeller de Brême. De hautes cuisines, au rez-de-chaussée, communiquent avec le garde-manger et le réfectoire de la garnison. Au premier étage, à côté des appartements du capitaine des gardes, se trouve une curieuse chapelle avec tribune en encorbellement d'où les gens de service à l'étage supérieur pouvaient assister à la messe sans descendre. De la chapelle un couloir conduit à la Grand'Salle où le Seigneur recevait ses vassaux, écoutait les jongleurs et les trouvères, jouait aux tables, ou

recevait à dîner ses invités. Au-dessus de la chapelle et
de la salle des fêtes, la chambre des arcs servait d'arsenal et gardait les armes et les munitions de guerre.
Dans le Donjon dont la partie supérieure est aussi
élevée que la plateforme de la cathédrale de Strasbourg, il y a maints détails intéressants au point de vue
de la défense, des chambres pour le trésor et pour les
archives, des chartres obscures réservées aux prison-
niers de marque.

Plantée sur son rocher, rajeunie par la main des
architectes, la vieille forteresse des Hohenstaufen, des
Habsbourg et des Hohenzollern a toujours l'air d'une
sentinelle au poste. Elle regarde autour d'elle la montagne et la plaine, très fière, dans son immobilité sécu-
laire, de rester, malgré son grand âge, la demeure chérie
d'un *Kaiser*. Serrée dans la ceinture de ses murailles en
grès rose, étalant avec orgueil la traîne de ses forêts et
de ses vignes sur la montagne, elle se retourne vers sa
gloire passée, dédaigneuse de tous les changements
politiques et sociaux, des chemins de fer et des automobiles, de tout le brouhaha de la vie contemporaine qui
vient déferler et mourir à ses pieds.

Plus que jamais peut-être elle attire par la beauté
sévère de son architecture et par le splendide panorama
que l'on découvre du haut de son donjon. Ce que l'on
voit de la place où se tenaient les veilleurs, c'est le
spectacle de l'abondance, de la richesse et de la vie.

Du côté de la France, la vue s'étend sur les Vosges :
tout un ensemble de pentes douces ou rapides, couvertes
de forêts, vrai pays d'alertes et de surprises où le soleil
se joue sur les bruyères roses, les roches rouges, les

sapins verts. A l'Est, c'est un amphithéâtre de verdure ;
à droite, l'arête du Tannichel s'avance dans un bleu
très doux, vers la plaine, avec la grande tour du château
de Rappolstein à son extrémité. Par derrière, on aperçoit les montagnes de la vallée de Münster et le Grand
Belch ; à gauche, vers Schlestadt, s'étendent des montagnes, encore des montagnes couvertes de vignes et de
forêts. A nos pieds, le grand bois de chênes dévale vers
la maison forestière et l'Hôtel du Château. Au dessous,
quelques bouquets de châtaigniers, coupés par la ligne
blanche du Pfad du Prince Eitel, où des grains de mica
étincellent au soleil comme des diamants. En face, des
vignes, toujours des vignes, qui font suer à la terre
plus d'or sous la chaleur que la houille et le travail des
mineurs n'en arrachent dans le même temps aux en-
trailles de la terre : vignes de St-Pilt, de Bergheim,
d'Orschwiller, de Rahmswihr. Autour de ces villages
dont les clochers se dressent au milieu des toits rouges
de leurs maisons, on aperçoit les beaux jardins où, plusieurs fois par jour, de leurs mains calleuses, les propriétaires viennent tâter avec amour les beaux fruits
qui mûrissent aux espaliers. Au dessus de la belle
plaine d'Alsace, semée de villages, couverte de cultures
et d'herbages ; au delà de l'Ill et du Rhin, dans le Grand
Duché de Bade, le Kaiserstühl apparaît majestueux
dans son isolement, en avant de Fribourg que domine
la flèche du Münster. A l'horizon, dans la brume enso-
leillée, la Forêt Noire étire la ligne ondulante de ses
sommets. Enfin, du côté de Bâle, quand le temps est
clair, ou bien à l'approche des pluies, deux lignes
blanches superposées apparaissent, à peine percep-

tibles, quelque chose que l'on devine plutôt : le Jura et les Alpes de l'Oberland Bernois. C'est un ensemble sans pareil. Guillaume II, quand il vient en Alsace, doit avoir du plaisir à regarder du haut de son vieux Burg ressuscité, la beauté du Reichsland !

Les heures passèrent vite au château du *Hoh-Königsbourg*. Il fallut s'arracher à la contemplation du merveilleux panorama, descendre les escaliers du donjon, et, par la forêt et par les vignes, revenir en toute hâte au chemin de fer. La route fut des plus fatigantes par les raidillons du Pfad du Prince Eitel-Frédéric, et, au delà du village de St-Pilt, sur la route poudreuse, le soleil était cuisant.

.·.

A la station, nous retrouvons les enfants rencontrés à la montée du *Hoh-Königsbourg*. Les fillettes riaient et chantaient. Les plus âgées causaient entre elles, sérieusement, comme de petites femmes. Les garçons, fatigués, étaient assis à la porte de la gare ou s'épongeaient à la fontaine. Nous les avons regardés avec intérêt ces beaux enfants bruns et blonds, qui avaient une grande douceur dans l'éclat de leurs yeux bleus et le rose de la vie à fleur de peau sur leurs bonnes joues. Les religieuses et le maître d'école surveillaient tout ce petit monde, allant et venant parmi les gamins et les gamines, essuyant parfois un front en sueur, renouant une cravate ou une collerette, grondant et souriant.

Le train bientôt nous emporte à toute vitesse vers le *Sundgau*. A mesure que nous descendons vers le Midi, la lumière semble plus transparente et plus chaude. Les paysages sont plus ensoleillés. A droite, nous avons toujours la vue des Vosges avec le même décor d'Histoire, de Légende et de Nature. Toujours des vignes et des forêts, des bourgs roses sortant de la verdure avec la jolie silhouette de leurs donjons, *Geisberg* qui s'avance sur son éperon de roches, *St-Ulrich*, célèbre par sa belle salle des Chevaliers, *Hohen Rappolstein* dont le seigneur était le roi des Ménétriers de la Haute-Alsace. Le long de la ligne, les champs s'étalent en damiers sombres ou dorés ; les murs gris ou roses des maisons aux vastes toits rient dans les jardins et les vergers. Au débouché des rues ou des chemins, appuyés aux barrières, de beaux enfants agitent leurs chapeaux ou se paient la tête des voyageurs qui passent. Les gros bourgs succèdent aux villages. Nous passons à l'extrémité des marais de Guémar où, dans l'eau, à l'ombre des saulaies, barbottent et jacassent des milliers de canes sauvages. Sur notre gauche, à 8 kilomètres, nous apercevons quelque temps Ribeauvillé, la cité des vieilles églises, des vieilles maisons. C'est sur les montagnes aux environs que l'on récolte le fameux vin de Zahnacker, l'un des plus célèbres de toute l'Alsace.

Après nous être écartés un instant des Vosges, nous nous en rapprochons vers la petite ville de Riquevvihr qui s'étale si gentiment dans la verdure. Ses vignes, depuis l'empereur Probus, ont une réputation européenne. Les vieilles chartes nous montrent leur *vin gris, le gentil* de Riquevvihr, sur la table des Rois Mérovingiens, en leur palais de Marlenheim, et les Capitulaires de Charlemagne nous parlent de l'intérêt que leur portait le grand Empereur.

Nous marchons, nous marchons toujours plus vite. Bientôt nous arrivons à Colmar.

Les faubourgs de la petite ville ont çà et là des airs de grands villages. Les quartiers du centre sont ceux d'un bon petit chef-lieu de troisième classe. Si l'on y trouve quelques débris du Moyen âge ou de la Renaissance, comme le cloître Unterdenlinden, la maison Pfister, la maison des têtes, un musée qui contient de précieux tableaux de Schôngauer, une belle église du xv° siècle, St-Martin, le reste n'a pas grand intérêt. Ce qui fait le charme de Colmar c'est un air de sérénité et de bonhomie qui vous enchante. C'est la ville des traditions. On y aime l'Alsace à la folie. S'il n'y est plus guère possible aujourd'hui, hélas! de songer à la France, on ne veut pas du moins se laisser dévorer sans protester par la *Germania* gourmande. Là on entend rester fidèle au passé, à la foi catholique, à tout ce qui a fait la gloire et la fortune de la province. Colmar est la ville des savants et des artistes qui se sont voués à l'Histoire et à l'archéologie de leur pays. On y pratique la musique, on y aime tout ce qui rend la vie agréable et bien remplie. Le peuple vit dans son *home*, honnêtement, des fruits de son travail. Il aime l'épargne, respecte la famille. Dans les maisons de la noblesse et de la bourgeoisie un luxe respectable, antique, patrimonial, s'étale sans crainte des profanations. En cette ville tranquille, au milieu de la plaine, les utopies de notre temps n'ont point de prise. Dans toutes les classes de la société on garde l'esprit de suite, on comprend

que la vie se continue après la mort et que les généra-
tions successives sont solidaires les unes des autres dans
la foi, l'amour de la justice et la liberté.

De Colmar à Mulhouse toute une série de petites
villes s'échelonnent à quelques kilomètres de la grande
ligne, le long des Vosges, dans les vignes, à l'orée des
belles forêts : Egisheim, la patrie de Léon IX; Gebers-
chweier, la cité des vignerons; Pfaffenheim, célèbre
par l'abside de sa basilique; Rouffach, où il y a une si jolie
église gothique; Hunawihre dont la collégiale de Saint
Huna est entourée de bastions. Toutes ces cités sont
fort gracieuses avec leurs tours, leurs clochers, leurs
portes des remparts, leurs fontaines, leurs vieilles maisons monacales aux judas grillés, leurs ruelles étroites,
leurs places rectangulaires ou de guingois, ombragées
de mûriers ou de tilleuls. Elles brillèrent au Moyen
Age et jouèrent un rôle dans l'Histoire du temps. Elles
eurent leur longue part de luttes et d'épreuves. Obligées
de prendre part aux débats entre les seigneurs puis-
sants et les riches communes du voisinage, entre les
Empereurs du Saint-Empire et les rois de France, les
unes essayèrent de rendre tyrannique leur souveraineté,
les autres, après avoir conquis chèrement leur indépendance, la développèrent dans la paix et le travail.

Aux environs du chemin de fer, la plaine est trempée
d'eau, il y a des terres sans consistance, des prairies
humides. Dans les herbes grossières paissent des vaches
rousses. Au passage du train elles accourent et
regardent en meuglant. Dans les parties moins humides,
les villages succèdent aux villages. Ils sont de plus en
plus étroits et ramassés. Beaucoup furent autrefois des

5

forteresses. Aujourd'hui les vieux murs croulent de tout
côté. L'air pénètre à même par les brèches dans un
dédale de rues tortueuses, de venelles, de vieilles maisons aux couleurs sombres, aux pignons élevés et en
partie penchés, tout près de petits courtils ombragés
de mûriers, encombrés d'échalas, de voitures, de
fumiers où picorent les poules. L'étranger qui passe se
croit transporté dans un de ces villages que Méphisto-
phélès, un jour, décrivait à Faust. Ces petits bourgs
sont curieux à voir et prospères au milieu de la plaine
bariolée d'herbages et de toutes sortes de cultures.
Par là les familles sont à l'aise. Les caves des maisons
sont remplies de vins généreux dont les propriétaires
se vantent naturellement d'avoir récolté les meilleurs
crus. Si les vieux murs tombent en morceaux, les fils
de ces petits bourgeois, malgré le régime allemand,
sont tout de même plus heureux qu'au temps des
chartes octroyées par les Hohenstaufen, maîtres de
l'Alsace. Ils se construisent partout au dehors des
anciens remparts des habitations largement ouvertes à
la lumière, spacieuses et de bon goût, au milieu des
fleurs, à l'ombre des grands arbres.

Nous nous éloignons des montagnes. Des vapeurs
chaudes et lumineuses couvrent leurs grandes formes.
Selon la distance, la verdure plus ou moins bleue
semble s'envelopper de plus de voiles. Dans la plaine,
les tons un peu heurtés des villages et du sol s'amor-
tissent et se fondent davantage. A mesure que nous nous
rapprochons de Mulhouse, les usines apparaissent, se
multiplient. Les grandes cheminées rouges et noires
vomissent des torrents de fumée par dessus d'im-

menses ateliers couverts de larges toitures qui luisent
au soleil. A chaque instant l'on traverse des canaux où
il y a de grands chalands près de grues gigantesques
qui chargent et déchargent sans le moindre arrêt. Partout de grands poteaux de fer avec des croix de Saint-
André qui s'amincissent de la base au sommet. Le long
de ces petites tours Eiffel, des fils électriques sans
nombre transmettent la force au travail ou la pensée
des maîtres aux ouvriers. Partout des usines, partout
de grandes baraques en briques, en fer et en verre,
des enclos remplis de vieux rails, de chaudières
rouillées, de fourneaux claqués, de toutes sortes de
choses bizarres et sans nom qui attendent qu'on les
remette au feu pour les transformer. Partout des
grandes affiches avec des lettres si hautes, si hautes,
qu'on peut les lire à des kilomètres de distance, partout du bruit, du mouvement et de la fumée. On se
croirait dans un coin du Lancashire anglais.

A Mulhouse, il n'y a point de grands monuments.
Les églises sont modernes, assez jolies, avec quelques
débris curieux de vitraux anciens. L'édifice le plus original c'est l'Hôtel-de-Ville, bâti en 1552. Il est vraiment intéressant. On admire les belles fenêtres de sa
façade sculptée, son grand perron à auvent, sa haute
toiture polychrome. Montaigne, qui l'avait visité, l'appelait dans son *Journal de voyage*, « un palais magnifique
et tout doré. » L'or et les couleurs décorent toujours ses
murailles, rehaussent la beauté de ses plafonds et jouent
agréablement sur les trumeaux de l'intérieur et dans les
vitraux. Mais, à l'Hôtel-de-Ville, ce n'est point tout cela
qui attire surtout l'étranger. Allez rue Guillaume Tell,

vous verrez suspendue à une chaîne de fer, le long d'un
pignon de la maison communale, la grande curiosité de
Mulhouse. C'est un bloc de pierre du poids de 12 kilogs,
sculpté en manière de tête humaine. On l'appelle le
Klapperstein ou la *pierre des Bavards.* Autrefois, par
ordre du Bourgmestre, on l'attachait au cou des personnes convaincues de médisance, que l'on menait par
la ville, les jours de marché, à pied, ou à califourchon,
sur un âne, la tête regardant la queue de l'animal.
C'étaient des femmes, paraît-il, qui d'ordinaire faisaient
la petite promenade. Le magistrat de Mulhouse ne
plaisantait point ; il savait à l'occasion récompenser
les personnes qui, comme on dit au pays d'Angers,
n'avaient pas grande dévotion à *Sainte Babille.* D'après
le *Journal* du Bourgmestre Ziegler, « en 1636, trois
dames de la ville obtinrent des prix pour être restées
six mois sans dire du mal de leur prochain » ; mais elles
avaient fait un effort surhumain et on lit dans la Chro-
nique de Mathieu Mieg, qu'elles ne tardèrent pas à
mourir *des suites de l'abstinence.*

Mulhouse est une ville immense, très vivante et toujours, malgré l'annexion, très française de sentiments.
Autour d'un vieux centre de 6.000 habitants mal logés,
à la fin du xviii° siècle, des filateurs, des tisserands, des
imprimeurs sur étoffes, des teinturiers, des fondeurs,
des fabricants de machines, vinrent se grouper succes-
sivement. Leurs bâtiments élevés l'un après l'autre,
sans le moindre souci de la symétrie, finirent par cou-
vrir un espace immense de terrain plat. Avec le temps,
des fortunes colossales se sont élevées. Les heureux de
la finance ne tardèrent pas à s'arranger, auprès de leurs

fabriques, de beaux hôtels au milieu d'agréables jardins, et, dans la banlieue, des châteaux entourés de jolis parcs. Toutes ces habitations cossues, à la ville et à la campagne, sont très confortables; elles ont quelque chose de sérieux, de discret et de digne, rien du luxe ébouriffant qui excite l'envie et la haine dans le cœur des petits. Les bourgeois de Mulhouse « se marient de bonne heure, ils ont beaucoup d'enfants qui vivent en famille. » Laborieux, ils aiment les plaisirs de l'esprit. On trouve dans leurs quartiers des musées industriels, des bibliothèques, des écoles, des laboratoires, des salles de conférences. S'ils viennent à certaines heures au Casino, imposant et bien décoré, c'est pour y parler d'affaires. La belle promenade de Tannenwald est déserte la semaine, à peine y trouve-t-on, l'après-midi, quelques petits enfants qui s'amusent. En cette ville du travail, point de place pour les frelons parmi les abeilles.

A côté de la ville des patrons, il y a la ville des ouvriers. Nulle part peut-être on n'a plus fait qu'à Mulhouse pour le bien des travailleurs. On a organisé pour eux des écoles gratuites de toutes sortes, des bibliothèques, des cercles d'études et de plaisir, des patronages, des établissements de bains et des lavoirs, des caisses d'épargne et de secours, des dispensaires, des hôpitaux et des hospices, des boulangeries et des fourneaux économiques, des coopératives où l'on trouve au prix de revient l'habillement, le mobilier, l'épicerie, tous les objets nécessaires aux individus et aux familles. En 11 ans, l'ouvrier peut devenir propriétaire d'une maison agréable et d'un joli jardin dans un quartier bien aéré, planté d'arbres et fleuri comme nos Champs Elysées. D'accord avec les prêtres de la ville dont les plus connus sont M. le chanoine Winterer, ancien député protestataire de l'Alsace, au Reichstag, et M. l'abbé Cetty, les classes dirigeantes ont créé toutes ces œuvres merveilleuses qu'elles entretiennent en grande partie de leurs deniers. Avec un dévouement très grand et une intelligence parfaite de leurs propres intérêts, en cette ville du travail, elles aident les ouvriers qui veulent bien s'aider eux-mêmes. Par charité chrétienne, tout en gardant leur dignité, elles tendent une main fraternelle aux petits et aux humbles et n'exigent de personne le moindre sacrifice d'indépendance et de liberté.

**

Après un arrêt trop court à Mulhouse, nous revenons à la gare pour prendre le train de Sennheim.

Pendant que nous devisions, mon ami et moi, des œuvres et de la question sociale, le train nous emportait à toute vitesse le long de la grande forêt de Lutterbach. De temps en temps nous apercevions de superbes faisans qui se promenaient majestueusement à l'orée des futaies, des petits lapins qui décampaient dans les clairières. Entre la forêt et Sennheim on ne voit presque pas de maisons sur un espace de 10 à 12 kilomètres carrés. La plaine a un aspect de taillis et de landes. Le sol, composé de graviers perméables, est à peu près rebelle à toute culture.

Enfin, à sept heures du soir, par une chaleur tropi-

cale, nous arrivons à Sennheim, petite ville indus-
trielle bien située aux bords de la Thur, et qui a
de jolies promenades ombragées de platanes. Nous
étions harassés, n'en pouvant plus. M. l'abbé J. Hecht,
curé d'Uffholz, nous attendait à la gare avec une voiture. Il avait compté sur la *fatigue*, *l'extrême fatigue* de
ses amis.

De Sennheim à Uffholz, il n'y a que quelques
minutes de voyage à travers la plaine qui s'élève tout
doucement vers la montagne. On passe au milieu de
jardins maraîchers où poussent, entre les noyers, les
mérisiers et les pruniers, les plantes simples qu'a
chantées Virgile, les asperges dont la chevelure fine est
piquée de petites perles de corail, toute la variété des
légumes, jusqu'à la pomme de terre et le vulgaire
navet.

Bientôt nous sommes à Uffholz. Nous entrons au
presbytère, grande maison confortable et très hospi-
talière, comme toutes les maisons curiales de la belle
et plantureuse Alsace. Nous devions être là comme chez
nous, avec le plus aimable des hôtes. La domesticité fut
aux petits soins à notre égard. Elle nous accueillit avec
cette grâce et cette respectueuse déférence que l'on
a partout dans les pays des bords de l'Ill pour les
prêtres de Jésus-Christ.

Dès notre arrivée, il nous fallut décliner, avec notre
âge, nos noms et qualités devant le bourgmestre de
l'endroit qui fit aussitôt un rapport sur nos personnes à
son chef hiérarchique, le *Kreisdirector* de Mulhouse. Le
Kaiser allemand veut savoir ce qui se passe à chaque
heure du jour, dans sa *terre d'Empire*. Sa Majesté très

défiante vis-à-vis des Français, a toujours peur de quelque affaire d'espionnage. Elle veut des renseignements précis sur tous les allants et venants.

A part cette déclaration obligatoire, nous n'avons pas eu maille à partir avec Messieurs les flics de la police impériale. En toute liberté nous avons pu jouir de notre villégiature dans un endroit charmant où règne une douceur qui rappelle la douceur angevine.

Uffholz est un village alsacien entre dix mille, accueillant et familier auquel rien ne manque de ce qui fait l'agrément d'un gros village français. Autour du clocher en forme de chapeau chinois, du presbytère, du Rathaus et des écoles, les maisons s'élèvent blanches ou grises, avec des toitures en tuiles rouges qui se redressent pour laisser glisser les neiges de l'hiver et se rabattent sur les pignons pour protéger les enduits contre la pluie. Elles donnent sur de grandes cours où se trouvent des caves, un pressoir, des granges, des écuries, des étables. Parfois, au coin d'une porte-charretière, par dessus le mur, à l'entrée d'une ruelle ou sur une place, se trouve un vieux mûrier rabougri, dont les baies rouges et noires jonchent le sol. Les rues s'élèvent en pentes douces vers la montagne. De chaque côté, deux ruisseaux bruissent jour et nuit, et, de distance en distance, dans les carrefours ou sur la voie, des fontaines surmontées de la statue d'un saint, crachent leur eau pure dans de grandes vasques de grès rose ou de porphyre. Autour, les femmes lessivent leur linge et bavardent, comme chez nous, souvent avec plus d'éloquence que tous les orateurs réunis du *Laudesansschus* d'Alsace-Lorraine. Sur le pas des portes, la marmaille forte en couleurs, crie en français, chante en alsacien, épèle en allemand. Des vieux, moustachus, à l'air grave, assis à l'ombre, le long des murs, parlent des affaires ou se content pour la centième fois, et dans les mêmes termes, leurs souvenirs de Crimée, d'Afrique ou d'Italie. Des poules, facilement effarouchées, qui picorent, en gloussant ; des canards qui barbottent dans des chaudrons ; de grands bœufs qui ruminent sous le joug en traînant, à pas lents, dans le village, de longues bennes gauloises ; des enseignes en fer forgé qui se dandinent à la devanture des maisons ; aux fenêtres, des géraniums fleuris sous les doubles rideaux de mousseline ; des gendarmes prussiens qui se balancent sur leurs tiges de bottes, des citadins endimanchés qui viennent manger la *carpe frite* à la renommée du lieu ; chaque jour, matin et soir, à 6 heures, des ouvriers et des ouvrières qui descendent affairés vers Sennheim ou qui en reviennent tranquillement ; silence général, paix profonde l'après-midi : voilà Uffholz.

La moitié des habitants travaille aux champs, cultivateurs ou vignerons. Le reste est occupé dans les grandes usines de Sennheim. Gens de la terre ou des métiers, hommes et femmes sont très distingués. Ils sont de grande taille généralement. Ils ont le teint blanc, les cheveux blonds ou châtains, la figure calme et reposée, pleine de douceur et de bonté. Ils apprécient ce qui est beau, ils aiment ce qui est bon. Ils tiennent leur maison proprette, prennent soin de leur corps, recherchent le linge, les beaux habits, et savent se faire honneur de leur argent, quand même ils n'en ont guère.

J'espérais voir à Uffholz quelques-uns des beaux

costumes d'autrefois : jupes vertes et rouges, corsages brodés d'or, coiffures aux larges rubans noirs étalés en ailes de papillon; culottes courtes, souliers à boucles, feutres à larges bords, gilets ruisselants de boutons. Plus rien de tout cela ne reste. A Uffholz, comme partout, on a laissé de côté ce qui poétisa le passé, ce qui faisait le charme du moindre coin de terre.

Mais ce qui vit toujours en ce village, au pied des Vosges, c'est la foi du vieux temps. Tous les matins, avant d'aller à l'école, les petits enfants assistent à la messe, les garçons sac au dos, les fillettes, le carton sous le bras. Chaque jour, de 6 à 13 ans, ils ont une heure de catéchisme à l'église et à l'école deux heures d'instruction religieuse. Quelle différence d'avec ce que nous voyons chez nous! Le soir, à 6 heures, écoliers et écolières reviennent à l'église pour la prière du soir, les litanies et le chapelet.

Le dimanche, toute la population assiste aux offices. Rien de plus édifiant que la grand'messe dans l'église qui est sans style, mais décorée discrètement et avec goût. Les hommes sont ensemble du côté de l'épître; ensemble les femmes du côté de l'évangile; les petits enfants dans le chœur, en avant de l'autel. Dans cette assemblée pieusement recueillie point de ces chantres hurlants dont se plaignait déjà Boileau de son temps. L'assistance alterne avec un groupe de chanteurs, installé au fond de l'église, près de l'orgue. Fortes et suaves, toutes ces voix d'hommes, de femmes et d'enfants s'harmonisent en une belle mélodie. Elles ne se hâtent ni ne s'attardent, elles s'épanchent largement comme de beaux violoncelles.

Dans un milieu si calme et si reposant l'araignée de l'ennui ne tissa point pour nous sa toile. M. le Curé, avec une attention dont nous lui sommes profondément reconnaissants, avait réglé dans les plus petits détails le programme de nos journées. Il voulait par de petits voyages aux environs, par des visites et des réunions, nous faire connaître les choses et les gens, le milieu et l'âme de son Alsace.

Dès le lendemain de notre arrivée, dans la matinée, avant la grande chaleur, nous fîmes une promenade délicieuse dans la montagne, du côté d'un vieux pèlerinage, la chapelle St-Antoine. Histoire de prendre l'air du pays et de faire connaissance avec les alentours. Par là encore, la vigne couvre de son manteau mordoré les premières pentes des Vosges. Sous l'action du soleil d'août, les petites grappes déjà sont couleur d'ambre, sucrées, juteuses à souhait. Plus haut, entre Steinbach et Wattweiler, deux bourgs charmants, la grande forêt communale couvre les pentes du Herrenfluhe.

De là-haut la vue est superbe. Elle s'étend à l'Est, par dessus les fumées de Mulhouse et le Rhin jusqu'à la Forêt Noire ; au Midi, bien au delà du Sundgau, vers le Jura et les grands glaciers de l'Oberland Bernois ; au Nord, elle est sans limites, dans la direction de Strasbourg. C'est l'Alsace que l'on domine, terre féconde et variée, changeante, ondoyante comme la superbe plaine « quand les nuages, sous le soleil, promènent sur ses richesses et les merveilles de son coloris les moires mouvantes de leurs ombres. »

Bien souvent, dans le passé, certains soirs, à la nuit tombante, tout ce beau pays subitement prit feu dans son ensemble. Aussi loin que la vue pouvait s'étendre, on n'aperçut que tourbillons de fumée rouge, étincelles d'or volant parmi les nuages de cendre et des reflets sanglants sur les flaques d'eau et les ornières des chemins. Nombre de batailles se sont livrées aux environs d'Uffholz. Tout près se trouve l'*Ochsenfeld* où les Légionnaires de César bousculèrent les hordes sauvages d'Arioviste ; le *Champ du Mensonge* où les fils de Louis le Pieux trahirent le vieil Empereur, et les paysans montrent encore, vers *Turckeim*, les vignes où parmi les échalas, Turenne avec le régiment de Royal Navarre et les Gardes Françaises défit en plein hiver les Impériaux de Montecocolli et les Brandebourgeois de l'Électeur.

Nous étions à peine rentrés au presbytère de notre jolie promenade qu'arrivaient des prêtres et des laïques invités à notre intention. Il fut facile de faire connaissance avec ces messieurs. Pour eux nous n'étions pas des étrangers, puisque nous étions des Français, les amis de leur ami. Bientôt chacun prit place à table *moult honorablement*. Entre les services très bien ordonnancés, et aussi après, parmi les nuages de la fumée du bon tabac d'Alsace, la conversation ne chôma guère. Pédagogie générale, enseignement des langues vivantes, méthode directe ou indirecte ; ethnographie et géographie ; Histoire de l'Alsace, regrets et aspirations nouvelles des habitants ; situation des vainqueurs dans le *Reichsland*, leur œuvre de germanisation ; Kulturkampf français et ses conséquences au-delà des Vosges ; œuvres littéraires qui parlent de l'Alsace, depuis les *Oberlé* de M. René Bazin jusqu'au livre de M. Maurice

Barrès : *Au service de l'Allemagne,* sur tous ces sujets on
discuta. Chacun exposa sa façon de penser et fit valoir
ses raisons à l'appui. Rien ne fut plus intéressant, plus
instructif.

Le surlendemain d'une journée si bien employée, nous
avions au programme une charmante excursion à l'entrée
de la vallée de Wesserling, célèbre par la beauté de ses
sites, la renommée de ses vignobles, la verdure de
ses forêts, la fraîcheur de ses eaux, l'activité de ses
usines. Ce qui devait m'intéresser plus que tout le reste
c'était la poésie des souvenirs, la beauté des monuments. Là se voit l'église du vieux Thann avec son
fameux sépulcre et ses jolis vitraux. Là se trouve la tour
d'Engelburg, couchée sur le flanc de la montagne,
pareille à un anneau gigantesque. On aperçoit le ciel
à travers l'ouverture de ce tronçon tombé tout d'une
pièce sous un coup de mine, en 1675, quand Turenne
démantela le château. Dans la ville de Thann, active
comme une ruche en travail, sur la grande place ornée
d'une belle fontaine Renaissance, se trouve la charmante église de St-Thiébault. On dirait une châsse
d'orfèvrerie, toute étincelante au grand soleil de la couleur rouge de son grès et de l'émail multicolore des
briques de sa toiture. Sa flèche ajourée qui rappelle
les gracieux détails du clocher de Fribourg-en-Brisgau,
son grand portail exubérant de sculptures, sa porte
latérale, ravissante, l'élégance de ses nefs, la joliesse
de ses stalles, l'éclat de ses vitraux, l'aspect imposant
de son Christ triomphal : tout contribue à faire de ce
monument l'un des joyaux les plus précieux de l'écrin
artistique des bords du Rhin.

En revenant à Uffholz, les yeux tout pleins des belles choses que nous avions vues, la plaine Alsacienne nous apparaissait par échappées, sous les rayons du soleil, toujours variée et belle comme un pays de féerie.

Le dimanche 26 août, c'est à Wattweiler que nous sommes allés pour la fête patronale.

Wattweiler, à trois quarts de lieue d'Uffholz, est un petit centre d'industrie où il y a des eaux renommées. Il est assis dans la verdure de ses vergers et de ses vignes, à la limite de la plaine, au pied de belles montagnes couvertes de forêts. Autour d'un vieux clocher gothique dont la toiture en bâtière est surmontée d'un nid de cigognes, les maisons proprettes et confortables se groupent en un désordre qui n'est pas sans grâces. Ce jour-là, elles étaient toutes ornées de tentures fleuries, pavoisées de drapeaux aux couleurs de l'Alsace : rouge et blanc. Dans les rues on avait fait des jonchées de feuillages. Il y avait aussi des arcs de verdure, des sapins enrubannés, des mâts enguirlandés. On sentait dans le village unanimité de sentiments. Les cloches de la vieille église envoyaient au loin leurs symphonies et le canon tonnait dans la montagne.

Vers 10 heures, voici un cortège qui sort et s'avance au milieu des fumées de l'encens : petits bébés mignons, frisés et pomponnés, jeunes filles vêtues de blanc, enfants de chœur, les uns portant des encensoirs, les autres jetant à pleines mains des fleurs. Sur la chaussée s'avance, entre les pompiers qui font la haie en grand uniforme, le dais sous lequel s'abrite, entre le diacre et le sous-diacre, le prêtre qui tient le Saint-Sacrement.

Puis viennent les marguilliers, le bourgmestre et le conseil communal accompagnés de la population endimanchée qui chante ou qui prie. Et cela dans un cadre de lumière, d'atmosphère d'été, dans un enveloppement de ciel bleu et de soleil d'août qui est enivrant.

Après la procession, tous les hommes, toutes les femmes qui ont communié le matin, assistent à la grand'messe et au sermon dans le plus grand recueillement, chantant à l'unisson avec un orchestre placé au fond de l'église, devant l'orgue.

A midi, au sortir de l'office, un dîner fort bien *atourné* nous attendait dans la grande salle du presbytère, sous les yeux d'un Prince Abbé de l'Ancien Régime qui nous regardait d'un air surpris du fond de son grand cadre dédoré. Autour de la table élégamment servie, nous étions un grand nombre de prêtres, quelques-uns venus de France, la plupart habitués des eaux. A l'heure des toasts, M. le Curé, ancien professeur au grand séminaire de Strasbourg, nous adressa un gracieux compliment où il mit le meilleur de son esprit et de son cœur. « Messieurs de France, nous dit-il, vous n'êtes pas ici des étrangers. Vous le savez, entre vous et mes frères d'Alsace, malgré les événements survenus depuis 36 ans, il n'y a pas de frontières et il n'y en aura jamais. Nous sommes tous de la même grande famille — et levant son verre — Messieurs, ajouta-t-il, à la France et à l'Alsace, à la mère bien-aimée et à la fille ! » Ces paroles nous touchèrent profondément et bien volontiers l'on choqua les verres à la France et à l'Alsace, à la mère et à la fille.

A l'heure des vêpres, la population se retrouva tout

entière aux pieds du bon Dieu dans l'église. Pendant que l'on chanta les psaumes, hommes, femmes et enfants défilèrent dans le chœur avec un ordre parfait. Ils venaient vénérer les reliques de saint Jean-Baptiste, leur patron ; puis, contournant le joli autel à triptyque, après une génuflexion faite avec grand respect, au coin de l'épître, chacun déposa son offrande devant le Saint-Sacrement. J'ai rarement vu cérémonies plus touchantes que celles de la fête patronale de Wattweiler, assistance ouvrière plus distinguée, tenue aussi parfaite pendant les offices et le sermon, piété plus grande, convictions plus sincères.

Après le salut et la bénédiction, il nous fallut prendre congé de M. le Curé qui nous avait procuré de si douces jouissances, et, par les forêts de la montagne et les vignes, nous revînmes à Uffholz. Chemin faisant, les personnes que nous rencontrions nous saluaient très aimablement, les hommes d'un franc bonjour ou d'un *Guten tag*, les femmes et les enfants par un gracieux *Gelobt sei Jesus Christus ! Loué soit Notre-Seigneur Jésus-Christ !* auquel nous répondions de notre mieux par un *Im Ewigkeit ! pour l'Éternité !*

Avec tout cela, le temps passa vite à Uffholz. La veille de notre départ avait été fixée pour la réunion des Combréens d'Alsace. Vous pensez s'il nous fut agréable de revoir, après 25 ans de séparation, les anciens camarades de collège qui s'étaient empressés de répondre à l'aimable invitation de M. l'abbé Hecht : MM. J. Heinrich, bourgmestre de Niederspechbach, député au Parlement d'Alsace-Lorraine ; M. Rominger, curé d'Ungersheim ; A. Thuet, curé de Grenzingen ;

J. Hungler, prêtre habitué à Orschweier; A. Stück, vicaire à Münster. Nous avions bien des choses à nous dire et les souvenirs d'antan affluèrent en masse à notre mémoire. On parla des amis qui vivent encore ou qui sont morts, de nos anciens maîtres, des incidents de notre vie de collège, des congés à Bourg-d'Iré. Il fut question surtout de la France et de l'Allemagne, de toutes les choses qui, en ce moment, passionnent l'opinion de chaque côté des Vosges.

A onze heures sonnantes, on se mit à table. Je n'essaierai point de vous donner le détail du menu. « De vivres, aurait dit Froissart, il y eut assez et largement. » Produits de la plaine et de la montagne, gibier de poil ou de plume, tout fût trouvé excellent. Quant aux vins qu'on nous servit, honni soit qui mal y pense! Au cours de mon voyage, j'ai lu sur une antique fontaine de village cette curieuse inscription en vieil alsacien. « Si tu bois de l'eau dans ton col, cela te refroidira l'estomac. Prends plutôt un bon vieux vin subtil, et laisse-moi être de l'eau. » Nous n'avons point suivi à la lettre le conseil gravé sur la fontaine par le vieil Andréas Hoffer; mais, tout en usant des carafes, nous avons goûté — oh! avec la plus grande réserve — aux vieux vins de Turckheim et de Guebwiller, au jus parfumé des baies de myrtille que l'on cueille dans les sous-bois, à la montée du Sainte-Odille.

Entre le dessert et le café, en son nom et au mien, dans un toast plein de délicatesse et tout vibrant de patriotisme, M. l'abbé Veillon dit le bonheur que nous avions à nous trouver en Alsace parmi nos anciens camarades et toute la reconnaissance dont nous étions

6

redevables à notre hôte. Il finit non par un *adieu ;* mais
par un *au revoir en Anjou et à Combrée !* — M. l'abbé Hecht,
à son tour, prit la parole. Il rappela en un langage
piquant et plein de charme les bons souvenirs qu'il
avait rapportés, de chez nous, au mois de juillet, et, au
nom des camarades d'Alsace, il accepta notre invitation.

La journée se passa rapidement en conversations
tour à tour graves et joyeuses. Le soir venu, nos amis
s'en allèrent chacun de leur côté, trop tôt à notre gré.

.˙.

Le lendemain c'était à nous de quitter Uffholz et aussi
l'Alsace. *Le dahin dahin* de la ballade allemande nous
appelait *in Badisch*, à Fribourg-en-Brisgau. Après avoir
dit nos messes avant l'aurore et pris un déjeûner à la
chandelle, nous fîmes nos adieux aux personnes du
presbytère qui avaient été si bonnes pour nous. Une
voiture nous attendait dans la rue pour nous conduire
à Sennheim. Notre départ fut triste à la pensée de ceux
qui restaient derrière nous, de l'hôte aimable qui nous
avait fait si bon accueil, de toutes les belles choses que
nous avions vues dans un pays où, malgré les événements et le droit du plus fort, tout nous parle de la
France bien-aimée, de son âme, de son génie, de sa
gloire et de ses malheurs.

Quelques heures encore, et nous passions le Rhin, le
fleuve aux eaux vertes. A Neubourg, nous avions quitté
la chère Alsace. Bientôt nous marchions à toute vitesse
en terre Allemande, le long de la Forêt Noire, vers la
perle du Brisgau, vers Fribourg, la cité des beaux mo-

numents et des eaux fraîches, des glycines et des vignes vierges, des parterres et des balcons fleuris.

En finissant ce petit récit de voyage *au pays des Cigognes* où nous avons passé des jours si heureux, je ne veux point redire une nouvelle fois à M. l'abbé Hecht nos remerciements. Je le sais, il n'aime pas qu'on le complimente. Tout de même il nous a procuré l'occasion d'avoir de si nobles jouissances, il nous a reçu avec tant de cœur, de façon si fraternelle, que nous pouvons bien dire de son pays et de son cher Uffholz ce qu'un bon curé des environs de Bourg-d'Iré disait un jour à M. le comte de Falloux, après avoir mangé d'un plat : « J'y retournerai volontiers, il a goût de *revenez-y.* »

Timothée L. Houdsbine,

prêtre, professeur d'histoire.

Institution libre de Combrée, le quatrième jour du mois de mai 1907, en la fête de Sainte Monique.

Angers, imp. Lachèse et Cie, Siraudeau, Sr. — 07-2611